SOFORTHELFER PFLANZENSCHUTZ

ANDREAS VIETMEIER, DR. MARIANNE KLUG

KOSMOS

ALLE PFLANZEN IM ÜBERBLICK

↗ SEITE 28

Obst

- Alles über Krankheiten und Schädlinge von A wie Apfel bis Z wie Zwetsche.

↗ SEITE 48

Gemüse

- Die wichtigsten Krankheiten und Schädlinge im Gemüsegarten sicher erkennen, bei Bedarf bekämpfen und vorbeugend verhindern.

↗ SEITE 62

Laubgehölze

- Krankheiten und Schädlinge der wichtigsten Gartenbäume und Sträucher.
- Extra: Buchsbaum und Rhododendron.

↗ SEITE 86

Rosen

- Mehltau bis Sternrußtau und Rosenrost, Blattrollwespen und Spinnmilben: Rosenkrankheiten und Rosenschädlinge erkennen, bekämpfen und vermeiden.

↗ SEITE 92

Nadelgehölze

- Krankheiten und Schädlinge von Eibe, Kiefer, Wacholder und anderen nadeligen Verwandten.

↗ SEITE 100

Blumen

- Mehltau an Phlox, Blattflecken an Rittersporn und Nacktschnecken an Sonnenblume? Hier erfahren Sie alles über die wichtigsten Krankheiten und Schädlinge an Stauden und Sommerblumen.

↗ SEITE 108

Rasen

- Hexenringe, Unkraut, Moos und Schneeschimmel sind die häufigsten Probleme im Rasen.

↗ SEITE 112

Topfpflanzen

- Die wichtigsten Krankheiten und Schädlinge an Topf-, Zimmer- und Kübelpflanzen auf einen Blick.

WAS FINDE ICH WO?

KOSMOS SOFORTHELFER

BASICS

KRANKHEITEN & SCHÄDLINGE ERKENNEN & BEKÄMPFEN

DIE VIELFALT AN PFLANZEN IM GARTEN IST GROSS. UND FAST GENAUSO UMFANGREICH IST AUCH DIE ZAHL AN MÖGLICHEN KRANKHEITEN UND SCHÄDLINGEN, DIE SIE BEFÄLLT.

Aber nicht jede Blattlaus wird auch gleich zum Problem. Um einschätzen zu können, ob man auftretende Krankheiten und Schädlinge überhaupt bekämpfen muss, ist es daher wichtig, diese erst einmal richtig zu erkennen: Denn nur wenn man weiß, mit wem oder mit was man es zu tun hat, kann man auch beurteilen, ob und gegebenenfalls welche Gegenmaßnahmen eventuell notwendig sind.

SCHADURSACHE SICHER BESTIMMEN

Bevor Sie eine Bekämpfung durchführen, bestimmen Sie daher immer zuerst genau die Schadursache. Schäden an Pflanzen können sehr vielfältige Ursachen haben. Neben Krankheiten, die durch Bakterien, Pilze oder Viren verursacht werden, treten häufig auch Schädlinge auf. Aber auch schlechte Standortbedingungen, ein Mangel an Nährstoffen, falsche Pflegemaßnahmen oder ungünstige Witterungseinflüsse können zu Pflanzenschäden führen.

ERFOLGREICH BEHANDELN

Um gegen Krankheiten und Schädlinge vorzugehen, muss man aber nicht immer gleich zu einem Pflanzenschutzmittel greifen. Versuchen Sie zunächst, das Problem auf andere Weise zu lösen: Entfernen Sie kranke Pflanzenteile und sammeln Sie Schädlinge mechanisch ab. Wenden Sie möglichst natürliche, biologische oder biotechnische Bekämpfungsverfahren an. Oder beugen Sie durch geeignete Maßnahmen vor, sodass es erst gar nicht zu einem Befall kommt. Erst wenn alle derartigen Maßnahmen nicht ausreichen, sollte notfalls auch an die Anwendung eines Pflanzenschutzmittels gedacht werden.

GRUNDAUSSTATTUNG

WAS
BRAUCHE ICH?

- Lupe
- Garten- oder Rosenschere, Astschere
- Astsäge, Baumsäge
- Handschuhe
- Materialien für die biotechnische Bekämpfung, z. B. Kulturschutznetz, farbige Leimtafeln, Leimring, Schneckenzaun, Wühlmausfalle, Obstmadenfanggürtel, Pheromonfallen gegen Apfel- und Pflaumenwickler, Kohlkragen gegen Kohlfliege

WORAUF
MUSS ICH ACHTEN?

- Kaufen Sie möglichst qualitativ hochwertige Gartengeräte. Sie erleichtern einem nicht nur die Arbeit, sondern bereiten auch mehr Freude. Außerdem halten sie länger.

Lupe

- Schädlinge sind zum Teil winzig klein und kaum mit bloßem Auge sichtbar (z. B. Spinnmilben und Thripse). Um sie aufzuspüren, kann man eine Lupe verwenden. Sie sollte mindestens eine 10-fache Vergrößerung aufweisen. Es gibt Lupen in unterschiedlicher Ausführung und Preislage.

Garten- oder Rosenschere, Astschere

- Das Sortiment an Garten- oder Astscheren ist groß. Sparen Sie besonders bei einer Schere nicht am Geld. Mit einer qualitativ minderwertigen Schere wird die Arbeit schnell zur Qual. Außerdem verwendet man eine Schere sehr häufig.

Astsäge, Baumsäge

- Eine Säge benötigen Sie, um kranke Äste und Zweige bei Bäumen und Sträuchern zu entfernen. Für kleinere Äste reicht eine handliche Astsäge mit einklappbarem Sägeblatt aus. Für größere Äste oder Stämme sollte man eine stabile Baumsäge zur Verfügung haben.

Materialien für die biotechnische Bekämpfung

- Einige Schädlinge lassen sich durch biotechnische Maßnahmen bekämpfen: Sie werden entweder durch eine spezielle Farbe oder Sexualduftstoffe angelockt. Auf dem Leim einer Tafel bleiben sie dann kleben. Andere lassen sich auch durch eine Barriere abhalten oder mit Fallen fangen.

INTEGRIERTER PFLANZENSCHUTZ

WORAUF
MUSS ICH ACHTEN?

- Um Pflanzen vor Krankheiten und Schädlingen zu schützen, kann man bereits vorbeugen:
- Wählen Sie schon bei der Pflanzung einen geeigneten Standort aus. Betreiben Sie eine gute Bodenpflege und pflanzen Sie möglichst robuste Sorten.
- Um Pilzbefall nicht zu fördern, setzen Sie die Pflanzen nicht zu eng. Düngen Sie bedarfsgerecht und wechseln Sie im Gemüsegarten regelmäßig die Anbaufläche.
- Entfernen Sie kranke Pflanzenteile frühzeitig und fördern Sie die Ansiedlung von Nützlingen.

Bodenprobe nehmen

- Pflanzen benötigen zum Wachstum Nährstoffe. Liegt ein Mangel vor, bekommen sie gelbe Blätter oder kümmern. Um zu prüfen, ob Nährstoffe fehlen, können Sie eine Bodenprobe entnehmen und diese in einem Labor untersuchen lassen. Anschließend ist es dann möglich, die Pflanzen gezielt nachzudüngen.

KOSMOS

SOFORTHELFER

Gute Nachbarn
Möhre – Zwiebel, Kohl – Sellerie, Kohl – Ringelblume, Petersilie – Studentenblume, Obstbäume – Kapuzinerkresse, Rose – Lavendel

Schlechte Nachbarn
Kartoffel – Tomate, Bohne – Erbse, Buschbohne – Zwiebel/Porree, Gurke – Tomate, Kohl – Zwiebel, Salat – Petersilie/Sellerie

Mischkultur im Gemüsegarten

- Die Mischkultur hat viele Vorteile: Der Boden wird beschattet und trocknet nicht so stark aus. Flach- und Tiefwurzler nutzen die Nährstoffe im Boden gleichmäßiger aus. Die Gefahr der Bodenmüdigkeit wird reduziert. Pflanzen fördern sich im Wachstum gegenseitig und schützen sich z. T. sogar vor Krankheiten und Schädlingen (z. B. Möhre und Zwiebel vor Zwiebel- bzw. Möhrenfliege).

MECHANISCHE BEKÄMPFUNG

WAS
BRAUCHE ICH?

- Gartenschlauch mit einem gut regulierbaren Spritzkopf
- Garten- oder Astschere für einen Rückschnitt
- Zum Absammeln von Schädlingen benötigen Sie außerdem viel Geduld und Durchhaltevermögen.

WORAUF
MUSS ICH ACHTEN?

- Schädlinge wie z. B. Blattläuse, Käfer oder Raupen möglichst frühzeitig bekämpfen. Mechanische Maßnahmen wirken nur dann ausreichend, wenn sich die Schädlinge noch nicht zu stark ausgebreitet haben.
- Entsorgen Sie kranke Pflanzenteile, die mit aggressiven Erregern befallen sind (z. B. Welkepilze), nach einem Rückschnitt nicht über den Kompost. Die Erreger überdauern dort und können sich später eventuell weiterverbreiten. Das kranke Pflanzenmaterial gehört in den Restmüll.

Blattläuse abspritzen

- An den Triebspitzen von Pflanzen treten häufig Blattläuse auf, z. B. bei Rosen. Um die Blattläuse zu bekämpfen, muss man aber nicht immer gleich zu einem Pflanzenschutzmittel greifen. In den meisten Fällen reicht es bereits aus, sie einfach mit einem scharfen Wasserstrahl abzuspritzen.

KOSMOS

SOFORTHELFER

Wenn Sie kranke Pflanzenteile mit der Schere zurückschneiden, können mit dem Pflanzensaft, der an der Klinge anhaftet, Bakterien-, Virus- und Pilzkrankheiten verbreitet werden. Es ist daher ratsam, Scheren stets gründlich zu reinigen und bei Bedarf in 70 %igem Alkohol zu desinfizieren.

Schädlinge absammeln

- Wenn Raupen oder Käfer an den Pflanzen fressen, können Sie sie per Hand absammeln. Diese mechanische Bekämpfungsmaßnahme ist leicht durchzuführen und reduziert den Befall meist ausreichend. Nur bei Schnecken stößt man an Grenzen: Hier muss man meist noch zu drastischeren Maßnahmen greifen.

Kranke Triebe zurückschneiden

- Triebspitzen, die von Krankheiten wie Echtem Mehltau befallen sind, sollte man bis ins gesunde Holz zurückschneiden. Dies hilft auch bei einem Befall mit der Monilia-Spitzendürre, Grauschimmelfäule an Blüten, Rotpustelkrankheit oder dem Obstbaumkrebs. Beseitigt zudem Blattlausbefall an Triebspitzen.

BIOTECHNISCHE BEKÄMPFUNG

WAS
BRAUCHE ICH?

- Kärtchen aus Pappe zum Schutz von Kohlpflanzen vor der Kohlfliege: Sie können die Kärtchen fertig kaufen oder selbst zuschneiden.
- Wasserdichtes Regendach aus Folie oder ein stabiles Gewächshaus
- Insekten- oder Vogelschutznetze
- Schneckenzaun: Es gibt ihn in unterschiedlicher Bauweise.

WORAUF
MUSS ICH ACHTEN?

- Kontrollieren Sie die Wirksamkeit der Bekämpfungsmaßnahme regelmäßig.
- Tritt dennoch Befall auf, sollte man die Bekämpfung verbessern oder durch eine andere Maßnahme ergänzen (z. B. eventuell ein Pflanzenschutzmittel einsetzen).

Kohlkragen anlegen

- Die Kohlfliege legt ihre Eier an den Wurzelhals junger Kohlpflanzen ab. Die Larven fressen anschließend an den Wurzeln. Um Fraß zu verhindern, legen Sie einfach kleine Pappkärtchen um den Wurzelhals: Wenn die Eier dort abgelegt werden, können Sie sie leicht zusammen mit den Kärtchen entfernen.

Tomaten vor Regen schützen

- Um Tomaten vor der gefürchteten Kraut- und Braunfäule zu schützen, sollten Sie die Pflanzen mit einem Regendach überbauen: Denn nur wenn die Blätter der Tomaten ständig feucht sind, kann der Pilz sie infizieren. Eine Behandlung mit Fungiziden ist dann meist nicht mehr erforderlich.

KOSMOS
SOFORTHELFER

Schnecken gehören zu den lästigsten Schädlingen im Garten. Sie fressen an Gemüse, Zierpflanzen oder Erdbeerfrüchten: Und ihre Bekämpfung ist aufwendig. Kombinieren Sie am besten verschiedene Gegenmaßnahmen miteinander, sonst werden Sie der Plage kaum Herr.

Vogel- und Kulturschutznetze auflegen

- Netze lassen sich einsetzen, um Kirschen, Beerenobst und Gemüse vor Vogelfraß zu schützen. Wichtig ist, dass die Netze keine Löcher aufweisen und dicht abschließen: Sonst könnten Vögel ins Innere eindringen und sich dort verfangen. Kulturschutznetze schützen Gemüse auch vor Wurzelfliegen und Raupen.

Schneckenzaun aufstellen

- Mit einem Schneckenzaun können Sie von außen zuwandernde Schnecken, die Ihr Gemüse befallen, abwehren. Die Methode hilft natürlich nicht, wenn die Schnecken bereits im Beet leben. Aber auch hier gibt es eine Lösung: Locken Sie die Schnecken einfach mit einer Bierfalle an und ertränken sie.

BIOTECHNISCHE BEKÄMPFUNG

WAS
BRAUCHE ICH?

- Leimring zum Abfangen von Frostspannern
- Gelb- oder Blautafeln zum Fang von fliegenden Schädlingen
- Große gelbe Leimtafel gegen die Kirschfruchtfliege
- Wühlmausfalle: Es gibt verschiedene Fallentypen.

WORAUF
MUSS ICH ACHTEN?

- Führen Sie eine Bekämpfung stets zur richtigen Zeit durch.
- Leimringe gegen Frostspanner müssen frei von Schmutz bleiben, der eventuell als Brücke dienen kann und die Wirkung der Ringe vermindert.
- Kirschfruchtfliegenfallen möglichst auf der Südseite eines Kirschbaumes aufhängen.
- Wühlmausfallen regelmäßig kontrollieren und wiederholt aufstellen.

Frostspannerleimring anlegen

- Bis Anfang Oktober sollte man Leimringe fest anliegend an Obststämmen anbringen. Sie verhindern, dass im Frühjahr Raupen an den Blättern fressen. Da die Weibchen des Frostspanners nicht fliegen können, müssen sie zur Eiablage vom Boden aus in die Baumkrone krabbeln: Dabei lassen sie sich mit Leim abfangen.

Gelbtafel im Gewächshaus aufhängen

- Gelbe oder blaue Leimtafeln dienen dazu, einen Befall mit fliegenden Insekten festzustellen. Erfasst werden z. B. Weiße Fliegen, Blattläuse, Trauermücken und Thripse. Bis zu einem gewissen Maße lassen sich die Tafeln auch zur direkten Bekämpfung nutzen. Leider werden auch Nützlinge angelockt.

Kirschfruchtfliegenfalle aufhängen

- Um Madenbefall in Kirschen zu verhindern, kann man gelbe Leimtafeln in die Kirschbäume hängen. Die Kirschfruchtfliege legt ihre Eier an Kirschfrüchten ab, sobald sich diese von Grün nach Gelb umfärben. Gelbe Tafeln locken sie ebenfalls an und die Kirschfruchtfliege bleibt am Leim kleben.

Wühlmausfalle stellen

- Wühlmäuse bekämpft man am besten mit einer Falle. Zum Stellen der Falle öffnen Sie zuerst einen bewohnten Gang. Anschließend wird die Falle vor oder in ein offenes Loch gestellt. Tragen Sie beim Stellen der Falle stets Handschuhe: Der menschliche Geruch an Fingern schreckt Wühlmäuse nämlich ab.

KOSMOS

SOFORTHELFER

Bevor Sie Fallen zur Wühlmausbekämpfung aufstellen, führen Sie immer zuerst eine Verwühlprobe durch. Diese ist erforderlich, um festzustellen, ob eine Wühlmaus oder ein Maulwurf den Gang bewohnt. Der Maulwurf steht nämlich unter Schutz (gemäß Bundesartenschutzverordnung) und darf nicht bekämpft und getötet werden.

BIOLOGISCHE BEKÄMPFUNG (NÜTZLINGE)

WAS
BRAUCHE ICH?

- Nützlinge: Es gibt unterschiedliche Arten. Einige erbeuten verschiedene Schädlinge (z. B. die Florfliegenlarve), andere hingegen bekämpfen nur einen bestimmten Schädling (z. B. die Schlupfwespe *Encarsia formosa* nur die Weiße Fliege).

WORAUF
MUSS ICH ACHTEN?

- Pflanzen regelmäßig auf Schädlingsbefall kontrollieren.
- Nützlinge möglichst frühzeitig bei beginnendem Befall oder sogar vorbeugend einsetzen.
- Wenn Sie Nützlinge zum ersten Mal kaufen, lassen Sie sich zuvor gut beraten. Wenden Sie sich hierzu an den Fachhandel oder eine spezielle Beratungsstelle.

Florfliegen gegen Blattläuse aussetzen

- Florfliegenlarven werden in einem speziellen Wabensystem aus Pappe verschickt. Öffnen Sie die Wabe und klopfen die Larven dann auf den Blättern aus. Anschließend die entleerte Wabe noch eine Zeit vor Ort liegen lassen, damit auch restliche Florfliegenlarven noch herauskrabbeln können.

Schlupfwespen gegen Weiße Fliege

- Die Weiße Fliege ist ein häufiger Schädling an Gemüse und Zierpflanzen. Doch sie hat einen natürlichen Feind: die Schlupfwespe *Encarsia formosa.* Im Gewächshaus kann man sie bei Gurken und Tomaten einsetzen. Hängen Sie hierzu einfach Kärtchen mit parasitierten Nymphen der Weißen Fliege auf.

KOSMOS

SOFORTHELFER

Nützlinge sind Lebewesen und stellen oft hohe Ansprüche an Temperatur und Luftfeuchte. Nur wenn diese berücksichtigt werden, kann ein Nützlingseinsatz auch funktionieren. Setzen Sie Nützlinge möglichst frühzeitig oder ggf. sogar vorbeugend ein. Nützlinge können Sie über spezielle Nützlingszuchtfirmen beziehen.

Trichogramma-Kärtchen gegen Apfel- und Pflaumenwickler aufhängen

- Apfel- und Pflaumenwickler sind häufige Schädlinge im Obstgarten: Sie lassen sich biologisch bekämpfen. Man setzt hierzu Schlupfwespen *(Trichogramma)* ein, die die Eier der Schädlinge parasitieren. Zur Aussetzung werden kleine Kärtchen mit den Nützlingen an die Zweige gehängt.

Nematoden gegen Dickmaulrüssler gießen

- Zur Bekämpfung von Dickmaulrüsslerlarven lassen sich nützliche Nematoden ausbringen. Die Nützlinge werden in einem Pulver verschickt, das man in Wasser gibt und dann mit einer Gießkanne an die Wurzeln gießt. Voraussetzung für einen Einsatz: Ein mindestens 12 °C warmer, ausreichend feuchter Boden.

NÜTZLINGE

Marienkäfer

(Coccinellidae)

Aussehen

- Kleine, ca. 5 mm große, meist rote Käfer mit schwarz gepunkteten Flügeln. Schwarze Käfer mit roten Punkten, gelbe mit schwarzen oder braune mit weißen kommen ebenfalls vor.

Ansprüche

- Häufiger Nützling.

Nutzen

- Marienkäfer fressen Blattläuse, aber auch Schildläuse und Spinnmilben. Den Australischen Marienkäfer setzt man gegen Schmierläuse ein.

Larve eines Marienkäfers

(Coccinellidae)

Aussehen

- Larven sind langgestreckt, meist blaugrau bis schwarz gefärbt und teilweise gefleckt. Oft werden sie nicht als Nützlinge erkannt und für vermeintliche Schädlinge gehalten.

Ansprüche

- Natürlich vorkommender, häufiger Nützling.

Nutzen

- Larven ernähren sich wie erwachsene Marienkäfer von verschiedenen Insekten und Milben, vor allem von Blattläusen.

Schwebfliegen

(Syrphidae)

Aussehen

- Die Fliegen sehen Wespen ähnlich und können im Flug an einer Stelle schweben. Die Larven sind weißlich bis grüngelb gefärbt und leicht gefleckt.

Ansprüche

- Geringe Temperaturansprüche. Können auch gekauft werden.

Nutzen

- Larven ernähren sich von Blattläusen. Erwachsene Schwebfliegen fressen Pollen und Nektar. Zur Ansiedlung Korb- und Doldenblütler anpflanzen.

Raubmilben

(Phytoseiidae)

Aussehen

- Winzige, nur 0,3–0,5 mm große, farblose oder rötliche Milben. Sie leben zumeist versteckt.

Ansprüche

- Ihr Einsatz ist nur im Gewächshaus oder Wintergarten sinnvoll, da sie hohe Ansprüche an Temperatur und Luftfeuchte stellen.

Nutzen

- Fressen Spinnmilben, Thripse und Trauermückenlarven. Raubmilben werden ausgestreut oder als Tütenware aufgehängt.

Larve einer Florfliege

(Chrysopidae)

Aussehen

- Florfliegen sind grün gefärbt und haben dachförmige, netzartige Flügel. Ihre Larven sind langgestreckt, hellbräunlich und besitzen Saugzangen zum Fang der Beute.

Ansprüche

- Sind auch bei niedrigen Temperaturen aktiv und z. B. gut in Wintergärten einsetzbar.

Nutzen

- Larven saugen Blattläuse und Thripse aus. Erwachsene Tiere leben von Nektar, Honigtau und Pollen.

Blattlausschlupfwespen

(Aphidiidae)

Aussehen

- Schlupfwespen legen ihre Eier in Blattläuse ab. Ihre Larven ernähren sich dann von ihrem Wirt. Blattläuse schwellen dadurch blasig an und mumifizieren. Nach Ausschlupf der Schlupfwespe bleibt ein rundes Ausbohrloch zurück.

Ansprüche

- Die meisten Arten haben geringe Temperaturansprüche.

Nutzen

- Fressen nur Blattläuse. Man kann sie kaufen und aussetzen.

CHEMISCHER PFLANZENSCHUTZ

WAS
BRAUCHE ICH?

- Handspritzgerät
- Drucksprühgerät
- Insektizide in Stäbchen- und Granulatform zur Ausbringung bei Topf-, Kübel- und Zimmerpflanzen im Zimmer oder auf Balkon und Terrasse. Das Pflanzenschutzmittel enthält einen systemischen Wirkstoff, der über die Wurzeln aufgenommen wird und dessen Wirkung bis zu 16 Wochen anhält.
- Pflanzenschutzmittel zum Ausbringen als Spritzflüssigkeit: Es gibt sie als anwendungsfertige Formulierung oder als Konzentrat zum Ansetzen einer Spritzlösung. Die Mittel sind in Gartencentern oder im Gartenfachhandel erhältlich.
- Zum Ansetzen: Eimer, Messbecher, Dosierhilfe, Rührstab, Sieb, Schutzhandschuhe, ggf. Atemschutz (Maske) oder Schutzbrille.

WORAUF
MUSS ICH ACHTEN?

- Gebrauchsanleitung der Pflanzenschutzmittel genau lesen und Mittel exakt dosieren.
- Bienenschutz beachten, Wartezeit bei Obst und Gemüse einhalten.
- Schutzkleidung tragen, z. B. Handschuhe, körperbedeckende Kleidung, festes Schuhwerk, evtl. Kopfbedeckung oder Atemschutz.
- Beim Ausbringen von Pflanzenschutzmitteln nicht essen, trinken oder rauchen.
- Keine Pflanzenschutzmittel oder Reste der Spritzbrühe sorglos weggkippen und in die Kanalisation gelangen lassen. Restmengen im Verhältnis 1:10 verdünnen und auf der zuvor behandelten Fläche ausbringen.
- Pflanzenschutzspritze nach Gebrauch gründlich reinigen.
- Pflanzenschutzmittel in Originalverpackung in einem abschließbaren Schrank getrennt von Lebens- und Futtermitteln lagern.
- Verpackungen und nicht mehr benötigte Restmengen von Pflanzenschutzmitteln ordnungsgemäß entsorgen.

Handsprühgerät (Feinsprüher)

- Kleine, von Hand tragbare Spritze mit einem Fassungsvermögen von 0,5 bis 3 Litern zur Behandlung von Pflanzen im Zimmer, Wintergarten sowie auf Balkon und Terrasse. Druck wird manuell durch eine von Hand betriebene Kolbenpumpe erzeugt.

KOSMOS

SOFORTHELFER

Pflanzenschutzmittel immer gemäß der Gebrauchsanleitung des Herstellers anwenden. Pflanzenschutzmittel nicht bei direkter Sonne, Temperaturen über 25 °C oder Wind spritzen. Bienengefährliche Pflanzenschutzmittel nicht auf blühende Pflanzen ausbringen. Nach Möglichkeit nicht bienengefährliche und nützlingsschonende Mittel verwenden. Stets Schutzkleidung tragen!

Drucksprühgeräte (Druckspeicherspritzen)

- Spritze mit einem Fassungsvermögen von 1 bis max. 18 Litern (z. T. mit Tragriemen) zur Behandlung von Kübelpflanzen, Sträuchern, Bäumen und Gartenpflanzen.
- Für hohe Bäume zusätzlich mit Verlängerungsrohr ausrüstbar.
- Druck wird manuell per Pumpe oder per Batterie, Akku, Kompressor bzw. Motorantrieb erzeugt.

ABIOTISCHE SCHÄDEN

Frostschaden an Kirschlorbeer

(Nichtparasitäre Schadursache)

Symptome

- Blätter erfrieren in strengen, kalten Wintern und werden braun. Es treten sortenbedingte Unterschiede auf. Besonders anfällig sind starkwüchsige Sorten wie 'Rotundifolia' und 'Etna'.

Vorbeugung

- Weniger empfindliche Sorte auswählen. Windgeschützten Standort bevorzugen. Eventuell Abdeckung mit Vlies, Schattenleinen oder Strohmatten vornehmen.
- Im Herbst ggf. zum Schutz vor Frosttrocknis gelegentlich zusätzlich bewässern.

Kälteschaden bei Rose

(Nichtparasitäre Schadursache)

Symptome

- In strengen, kalten Wintern können Rosen erfrieren. Besonders empfindlich ist der Bereich um die Veredlungsstelle. Auch Wurzeln sind gefährdet.

Vorbeugung

- Beetrosen anhäufeln. Kletterrosen und Kronen von Stammrosen mit Vlies, Schattenleinen oder Reisig einpacken. Rosenkübel mit Isoliermaterial ummanteln und an einen windgeschützten Platz umsetzen. Im Spätsommer zur Kräftigung Kalium düngen.

Sonnenbrand an Hortensie

(Nichtparasitäre Schadursache)

Symptome

- In Sommern mit extremer Hitze und starker Sonneneinstrahlung können bei Pflanzen, die schattige oder halbschattige Standorte bevorzugen, schnell Blattverbrennungen auftreten.

Vorbeugung

- Anfällige Pflanzen daher nicht in die direkte Sonne pflanzen. Empfindliche Kübelpflanzen an einen schattigeren Platz umsetzen oder für Beschattung sorgen.

Schaden durch ein Herbizid

(Nichtparasitäre Schadursache)

Symptome

- An Blättern zeigen sich vor allem entlang der Blattadern gelbliche Verfärbungen. Es können aber auch Wuchsdeformationen, Triebverdrehungen oder Verkrümmungen auftreten.

Vorbeugung

- Zur Unkrautbekämpfung möglichst keine Herbizide einsetzen. Falls ihr Einsatz dennoch erforderlich ist, Abdrift durch Verwendung eines Spritzschirms unbedingt vermeiden.

ABIOTISCHE SCHÄDEN

Eisenmangel bei Zitruspflanze

(Nährstoffmangel)

Symptome

- Jüngere Blätter verfärben sich gelb, die Blattadern bleiben aber grün. Ähnliche Symptome können auch bei zu kaltem Standort oder Staunässe auftreten. Verwechslungen sind daher möglich.

Vorbeugung

- Auf eine ausgeglichene Düngung achten. Hohen pH-Wert im Substrat vermeiden, da Eisen sonst in für Pflanzen nicht verfügbare Verbindungen festgelegt wird. Eventuell speziellen Eisendünger verabreichen. Nicht mit kalkhaltigem Wasser gießen.

Kalziummangel an Tomatenfrüchten

(Nährstoffmangel)

Symptome

- An Früchten entstehen graubraune bis braunschwarze, leicht eingesunkene Flecken (Blütenendfäule). Tritt vor allem im Gewächshaus auf.

Vorbeugung

- Boden ausreichend mit Kalzium versorgen (Kalken). Boden nicht zu trocken halten, um die Kalziumaufnahme zu erleichtern. Auf eine ausgeglichene Düngung achten. Übermäßig hohe Gehalte an Ammonium, Kalium, Magnesium und Natrium im Boden vermeiden.

Magnesiummangel bei Tomate

(Nährstoffmangel)

Symptome

- Untere Blätter verfärben sich gelb, die Blattadern bleiben aber grün. Tritt vornehmlich an älteren Tomatenpflanzen auf.

Vorbeugung

- Nährstoffuntersuchung des Bodens durchführen. Auf eine ausgeglichene Düngung achten. Bei akutem Mangel Magnesiumdünger über das Blatt oder den Boden verabreichen, z. B. Magnesiumsulfat (Bittersalz).

Magnesiummangel bei Weinrebe

(Nährstoffmangel)

Symptome

- Bei älteren Blättern färbt sich das Gewebe zwischen den Blattadern vom Rand her gelb bis rötlich (je nach Weinrebensorte unterschiedlich). Später stirbt das Gewebe ab. Wachstum und Ertrag sind vermindert.

Vorbeugung

- Nährstoffuntersuchung des Bodens durchführen. Zu hohe Kaliumgehalte im Boden vermeiden. Magnesium düngen (nach Bodenanalyse).

OBST

KRANKHEITEN & SCHÄDLINGE AN OBST

FRISCHES, GESUNDES OBST AUS DEM EIGENEN GARTEN IST DAS ZIEL EINES JEDEN GÄRTNERS. UM EINE REICHE ERNTE EINFAHREN ZU KÖNNEN, MÜSSEN KERN-, STEIN- UND BEERENOBST ABER ERST EINMAL RICHTIG WACHSEN. WENN SIE ROBUSTE SORTEN PFLANZEN UND DAS OBST GUT PFLEGEN, LÄSST SICH DIESES ZIEL DURCHAUS ERREICHEN.

Manchmal treten aber doch Probleme auf. Vor allem, wenn dann die Ernte in Gefahr gerät, ist abzuwägen, ob eine Bekämpfung von Krankheiten und Schädlingen nicht eventuell sinnvoll ist: Früchte könnten sonst womöglich verderben und die Ernte ausfallen. Sind hingegen nur die Blätter befallen, liegt meist nur ein rein optisches Problem vor. Auf Gegenmaßnahmen können Sie dann gut verzichten.

PFLANZENSCHUTZMITTEL NICHT NÖTIG

Pflanzenschutzmittel sollte man im Obstgarten nur im Ausnahmefall einsetzen. Meist sind sie auch nicht erforderlich. Allenfalls gegen Krankheiten wie z. B. Kräuselkrankheit an Pfirsich, *Monilia*-Spitzendürre an Sauerkirsche oder Stachelbeermehltau kommt ihr Einsatz eventuell in Betracht.

MIT RESISTENTEN SORTEN VORBEUGEN

Damit Krankheiten, die Obst am häufigsten befallen, erst gar nicht auftreten, können Sie bereits mit robusten Sorten vorbeugen: So gibt es z. B. Apfelsorten mit einer Resistenz gegen Schorf und Mehltau, gegenüber *Monilia*-Spitzendürre wenig anfällige Sauerkirschen oder gegenüber der Kräuselkrankheit unempfindliche Pfirsichsorten. Aber auch Schädlingsbefall kann man umgehen: Wenn Sie beispielsweise spätreifende Herbsthimbeeren pflanzen, haben Sie keine Probleme mehr mit dem Himbeerkäfer, denn er tritt so spät im Jahr gar nicht mehr auf.

APFELKRANKHEITEN

Apfelmehltau

(Podosphaera leucotricha)

Symptome

- Triebspitzen und Blätter mit zuerst weißem, mehligem, später grau-grünlichem Belag. Blätter rollen sich ein und sterben ab. Mehltautriebe mit wenigen Blättern an der Triebspitze. Knospen sind nicht ganz geschlossen.

Bekämpfung und Vorbeugung

- Befallene Triebspitzen konsequent zurückschneiden. Bei Neupflanzung eine widerstandsfähige Sorte wie 'Pia', 'Rewena' oder 'Rebella' auswählen.

Apfelschorf

(Venturia inaequalis)

Symptome

- Blätter mit grünlich-schwarzen, matten Flecken, die später braun werden. An den Früchten braune, krustige, bei starkem Befall rissige („schorfige") Flecken.

Bekämpfung und Vorbeugung

- Einsatz zugelassener Fungizide. Abgefallenes krankes Laub beseitigen. Ein lockerer Kronenaufbau sorgt für rascheres Abtrocknen der Blätter. Bei Neupflanzung resistente Sorte wie 'Topas' wählen.

Obstbaumkrebs

(Nectria galligena)

Symptome

- Bei Neuinfektionen sinkt die rötlich verfärbte Rinde ein und reißt auf. Später offene, bis tief in das Holz reichende Wucherungen am Stamm und an Zweigen.

Bekämpfung und Vorbeugung

- Befallene Triebe bis ins gesunde Holz zurückschneiden. Größere Krebsstellen glatt ausschneiden und mit fungizidhaltigem Wundverschlussmittel behandeln. Bei Neupflanzung anfällige Sorten meiden.

Monilia-Fruchtfäule

(Monilinia laxa, Monilinia fructigena)

Symptome

- Auf den Früchten braune Faulstellen mit ringförmig angeordneten, graugelben Pilzpolstern. Äpfel werden manchmal auch schwarz und lederartig (Schwarzfäule). Tritt auch bei Steinobst auf. Vor allem an Sauerkirschen zusätzlich auftretende trockene Triebspitzen.

Bekämpfung und Vorbeugung

- Befallene Früchte baldmöglichst entfernen. Fruchtmumien und abgestorbene Triebe beim Winterschnitt beseitigen.

Ruß- und Fliegenschmutzfleckenkrankheit

(Gloeodes pomigena, Schizothyrium pomi)

Symptome

- Auf der Schale reifender Früchte befinden sich rußfarbene, verwaschene Flecken und/oder zahlreiche schwarze Punkte. Die Symptome treten vor allem bei feucht-warmer Witterung auf.

Bekämpfung und Vorbeugung

- Durch einen lockeren Aufbau der Krone für gute Durchlüftung sorgen. Bewuchs unter den Bäumen kurz halten.

Apfelmosaik

(Apple mosaic virus)

Symptome

- Auf den Blättern scharf begrenzte gelblich-weiße Linien, Ringe oder Flecken, manchmal auch Adernbänderung. Symptome sind sortenabhängig.

Bekämpfung und Vorbeugung

- Die Bekämpfung von Viruskrankheiten ist nicht möglich. Keine Reiser von kranken Bäumen für die Veredlung benutzen. Nur virusfreie oder virusgetestete Apfelbäume (Etikettenkennzeichnung: vf oder vt) pflanzen.

APFEL

Blattläuse an Apfel

(Aphidina)

Symptome

- Blätter verkrüppelt, gerollt, verfärbt, mit klebrigem Honigtau bedeckt. An Triebspitzen und auf den Blattunterseiten Blattlauskolonien.

Bekämpfung und Vorbeugung

- Blattläuse abstreifen oder mit starkem Wasserstrahl abspritzen. Bei starkem Befall ein Kaliseife-Präparat einsetzen. Blattlausfeinde wie Marienkäfer, Florfliegen oder Schwebfliegen fördern. Zu hohe Stickstoffdüngung vermeiden.

Blutlaus

(Eriosoma lanigerum)

Symptome

- Wucherungen an Schnittstellen und Rindenverletzungen, daran mit weißer Wachswolle bedeckte Blattläuse, aus denen beim Zerdrücken rotbraune Flüssigkeit austritt.

Bekämpfung und Vorbeugung

- Blutlauskolonien mit einer Bürste abbürsten oder mit starkem Wasserstrahl abspritzen.
- Rindenverletzungen vermeiden, Schnittstellen glatt und möglichst klein halten.

Schlangenminiermotte

(Lyonetia clerkella)

Symptome

- In den Blättern schlangenartig gewundene Miniergänge, darin kleine Räupchen. Später auf den Blattunterseiten hängemattenähnliche Puppengespinste. Auch an Kirschen und anderen Laubgehölzen auftretend.

Bekämpfung und Vorbeugung

- Erste befallene Blätter entfernen. Weitere Maßnahmen im Allgemeinen nicht notwendig. Schlupfwespen als natürliche Gegenspieler fördern.

Apfelsägewespe

(Hoplocampa testudinea)

Symptome

- Junge Früchte sind ausgehöhlt. Bis zum Kernhaus reichende Bohrlöcher mit Larve, braunem Fruchtbrei und Kot. Früchte fallen ab. Auf der Fruchtschale spiraliger, später verkorkender Larvengang.

Bekämpfung und Vorbeugung

- Zu Beginn der Blüte weiße Leimtafeln aufhängen, um die Wespen abzufangen. Junge Früchte mit Befallssymptomen und abgefallene Früchte sofort entfernen.

Apfelwickler

(Cydia pomonella)

Symptome

- Frucht zeigt Bohrloch mit Kotauswurf. Fraßgang zum Kerngehäuse mit rötlicher „Obstmade". Befallene Früchte fallen z. T. vorzeitig ab.

Bekämpfung und Vorbeugung

- Befallene Früchte vernichten. Falterflug mit Lockstoff-Fallen beobachten und ggf. ein zugelassenes Präparat einsetzen. Den Larven zur Verpuppung Wellpappe-Fanggürtel anbieten, regelmäßig kontrollieren und erneuern.

Apfelbaum-gespinstmotte

(Yponomeuta malinellus)

Symptome

- Gespinstnester mit vielen hellgrauen, schwarz gepunkteten Raupen, später hängematten-ähnliche Puppenkokons.

Bekämpfung und Vorbeugung

- Gespinste herausschneiden oder mit einem starken Wasserstrahl entfernen. Im Frühjahr Bäume regelmäßig auf Befall kontrollieren und ggf. ein *Bacillus thuringiensis*-Präparat einsetzen. Auch an benachbartem Steinobst und Schlehen auf Befall achten.

APFEL

Blausieb

(Zeuzera pyrina)

Symptome

- Welken und Absterben von Trieben. Bohrloch mit Kothäufchen und Bohrmehl. Meist befindet sich nur eine Raupe in einem Baum. Sie überwintert zweimal.

Bekämpfung und Vorbeugung

- Einen Draht in das Bohrloch einführen und die Raupe damit abtöten. Vorsorglich den Stamm und die Zweige auf etwas eingesunkene und dunkel verfärbte Stellen und auf Bohrlöcher kontrollieren.

Borkenkäfer an Kern- und Steinobst

(Scolytidae)

Symptome

- Einzelne Äste oder der ganze Baum kümmern. In der Rinde befinden sich viele etwa 2 mm große Löcher. Bei Steinobst kommt es zu Gummifluss. Fraßgänge im Holz und unter der Rinde.

Bekämpfung und Vorbeugung

- Stärker befallene Äste oder Bäume entfernen und vernichten. Tote oder absterbende Zweige immer herausschneiden. Schnittholz nicht liegen lassen. Bäume vorsorglich gut mit Wasser versorgen.

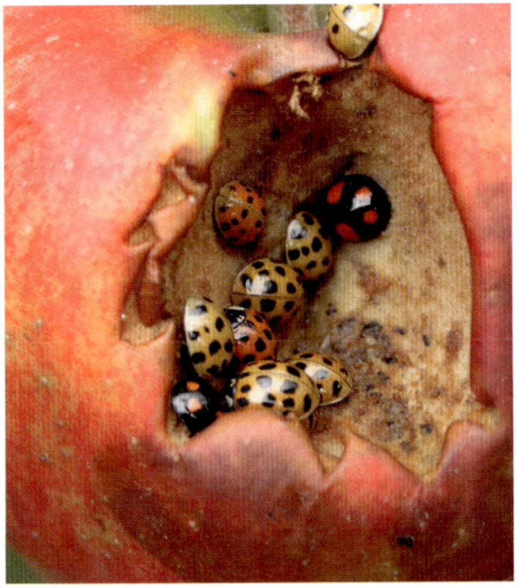

Asiatischer Marienkäfer an Apfel

(Harmonia axyridis)

Symptome

- Tiefe Fraßstellen in Früchten, darin befinden sich Marienkäfer mit bis zu 20 roten oder schwarzen Punkten. Auf den Früchten kleben Käferpuppen fest.

Bekämpfung und Vorbeugung

- Der Asiatische Marienkäfer ist ein nützlicher Blattlausvertilger. Bekämpfungsmaßnahmen sind nur bei Massenauftreten erforderlich. Tiere dann mit einem Wasserstrahl abspritzen.

OBST QUITTE

Blattbräune der Quitte

(Diplocarpon soraueri)

Symptome

- An den Blättern rotbraune, später schwarze, rundliche Flecken mit winzigen Pusteln. Die Blätter fallen vorzeitig ab. An den Früchten selten krustige Flecken.

Bekämpfung und Vorbeugung

- Im Garten reichen vorbeugende Maßnahmen meist aus. Das abgefallene Laub entfernen. Die Baumkrone auslichten, damit die Blätter schneller abtrocknen können.

Fleischbräune der Quitte

(Physiologische Störung)

Symptome

- Das Fruchtfleisch ist glasig und bräunlich verfärbt. Häufig tritt die Fleischbräune erst während der Lagerung auf.

Bekämpfung und Vorbeugung

- Früchte nicht zu lange hängen lassen, sondern rechtzeitig ernten, wenn die Quitten sich gerade erst gelb gefärbt haben. Auf eine optimale Kalzium- und Stickstoffversorgung achten.

OBST BIRNE

Birnenschorf

(Venturia pirina)

Symptome

- An den Trieben grindige Stellen mit aufgeplatzter, abblätternder Rinde. An den Blättern und auf den Früchten grünlich-schwarze Flecken. Bei frühem Befall verkorkt die Fruchtschale und wird rissig.

Bekämpfung und Vorbeugung

- Vorbeugender Einsatz zugelassener Fungizide. Grindige Triebe entfernen. Abgefallenes Laub und kranke Früchte konsequent beseitigen.

BIRNE

Birnengitterrost

(Gymnosporangium sabinae)

Symptome

- Auf den Blattoberseiten entstehen orangerote Flecken mit klebrigen Tröpfchen. Auf den Blattunterseiten liegen den Flecken hellbraune Pusteln mit gitterartigen Körbchen gegenüber. Bei starkem Befall (mehr als fünf Flecken auf jedem Blatt) über mehrere Jahre leiden das Triebwachstum und der Fruchtansatz. Birnbäume sterben aber nicht ab.

Bekämpfung und Vorbeugung

- Bei feuchter Frühjahrswitterung direkt nach der Blüte und gegebenenfalls bis Juni in Abständen von etwa zwei Wochen geeignete Fungizide einsetzen. Der wirtswechselnde Rostpilz lebt während der Wintermonate auf Wacholderarten (siehe Seite 97). Von dort aus infizieren seine Sporen im Frühjahr die jungen Birnenblätter. Daher sollten in der Nähe von Birnbäumen keine anfälligen Wacholder angepflanzt werden. Vorhandene Wacholder müssen auf Befall kontrolliert und befallene Zweige herausgeschnitten werden, um den Lebenszyklus des Pilzes zu unterbrechen.

Birnengallmücke

(Contarinia pyrivora)

Symptome

- Die jungen Früchte sind übermäßig verdickt, sie werden schwarz und fallen ab. Im Innern befinden sich viele kleine, weißliche Maden, die die Frucht aushöhlen.

Bekämpfung und Vorbeugung

- Befallene Früchte entfernen und vernichten. Weiße Leimtafeln kurz vor der Blüte in den Baum hängen, um möglichst viele Gallmücken vor der Eiablage abzufangen.

Birnenpockenmilbe

(Phytoptus pyri)

Symptome

- Winzige grün-rötliche, später rotbraune, blasige Pusteln auf der Blattoberseite. Diesen entsprechen auf der Blattunterseite dunkelbraune Flecken. Auch junge Früchte können befallen werden und zeigen dann rotbraune Verfärbungen.

Bekämpfung und Vorbeugung

- Austriebsspritzung mit einem ölhaltigen Präparat durchführen. Raubmilben sind Gegenspieler der schädlichen Gallmilben.

Gesellige Birnblattwespe

(Neurotoma saltuum)

Symptome

- Zahlreiche orangegelbe Larven mit schwarzem Kopf, die gesellig in einem Gespinst leben und die Äste kahlfressen. Auch Pflaumen und Weißdorn werden befallen.

Bekämpfung und Vorbeugung

- Gespinste mit Larven sofort herausschneiden und vernichten. Birnen, Pflaumen und Weißdorn ab dem Austrieb regelmäßig auf Gespinstbildung kontrollieren.

KIRSCHE

Monilia-Spitzendürre

(Monilinia laxa)

Symptome

- Steinobstblüten welken und vertrocknen, bleiben aber an den Trieben hängen. Triebe sterben mit Blättern ab und verdorren. In manchen Jahren auch an Kernobst auftretend.

Bekämpfung und Vorbeugung

- Bei feuchter Witterung kurz vor und während der Blüte Behandlung mit Fungiziden durchführen. Vertrocknete Triebe sofort bis ins gesunde Holz zurückschneiden.

Sprühfleckenkrankheit

(Blumeriella jaapii)

Symptome

- Blätter mit sehr kleinen, rotvioletten Flecken blattoberseits, auf den Blattunterseiten weißrosa gefärbte Sporenlager. Die Blätter vergilben und fallen schnell ab.

Bekämpfung und Vorbeugung

- Bei feuchter Witterung nach der Blüte ein Fungizid einsetzen. Abgefallene Blätter beseitigen. Ein lockerer Kronenaufbau sorgt für rasches Abtrocknen der Blätter.

Schrotschusskrankheit

(Stigmina carpophila)

Symptome

- Viele kleine, rötlich-braune Blattflecken, die später herausfallen. Bei starkem Auftreten ab Juni Laubfall. An den Trieben rötliche Flecken mit Gummifluss. Befallene Früchte mit rot umrandeten, eingesunkenen Flecken und Verkrüppelungen.

Bekämpfung und Vorbeugung

- Kranke Triebe herausschneiden und die Blätter spätestens im Herbst beseitigen.

Schwarze Kirschenblattlaus

(Myzus cerasi)

Symptome

- An den verkümmernden Triebspitzen eingerollte und gekräuselte Blätter, auf den Blattunterseiten glänzend schwarze Blattläuse. Auf den Blättern klebriger Honigtau, der Ameisen anlockt.

Bekämpfung und Vorbeugung

- Zur Zeit des Austriebs Einsatz eines Ölpräparates, bei Befallsbeginn Kaliseife-Präparate.
- Regelmäßige Kontrolle der Triebspitzen auf Blattlausbefall.

Kleiner und Großer Frostspanner

(Operophtera brumata, Erannis defoliaria)

Symptome

- Große Löcher in den Blättern von Kern- und Steinobst, teils zusammengesponnen, dazwischen grüne oder braune Raupen, die sich mit einem „Katzenbuckel" fortbewegen.

Bekämpfung und Vorbeugung

- Zum Austrieb ein Ölpräparat, bei Befallsbeginn ein *Bacillus thuringiensis*-Präparat einsetzen. Im Herbst Abfangen der flugunfähigen Frostspannerweibchen mit Leimringen, die um die Stämme gelegt werden.

Kirschfruchtfliegen

(Rhagoletis-Arten)

Symptome

- Früchte werden glanzlos und weich, darin weiße, fußlose Maden. Die Früchte faulen und fallen ab.

Bekämpfung und Vorbeugung

- Insektizide stehen nicht zur Verfügung. Nur frühe Sorten anbauen, kleinkronige Bäume einnetzen. Kirschfruchtfliegen mit gelben Leimtafeln abfangen. Den Boden mit Folie abdecken, um den Schlupf aus Puppen zu verhindern. Befallene Früchte sofort auflesen und entsorgen.

PFIRSICH

Kräuselkrankheit an Pfirsich

(Taphrina deformans)

Symptome

- Die Blätter sind gekräuselt und blasig aufgetrieben. Die hellgrünen bis rötlichen Verdickungen nehmen große Teile der Blattflächen ein. Die Triebe sind gestaucht und tragen verkrüppelte Blattbüschel. Bei starkem Auftreten kommt es zu vorzeitigem Laub- und Fruchtfall.

Bekämpfung und Vorbeugung

- Ab Beginn des Knospenschwellens wiederholt ein zugelassenes Fungizid einsetzen. Zu späte Behandlungen sind nicht mehr ausreichend wirksam. Kranke Blätter und Triebspitzen vollständig entfernen. Der Johannistrieb im Juni ist dann meist ohne Befall. Bei Neupflanzung robuste Sorte wie 'Benedicte' oder 'Revita' wählen. Die Krankheit kann auch Aprikose und Nektarine befallen.

Pfirsichschorf

(Venturia carpophila)

Symptome

- Auf den Früchten entwickeln sich grünlich-schwarze Flecken und Beläge, manchmal entstehen auch Risse und nachfolgend Fäulnis. An einjährigen Trieben befinden sich rötlich umrandete Infektionsstellen.

Bekämpfung und Vorbeugung

- Befallene Früchte abpflücken und abgefallene entsorgen. Erkennbar erkrankte Triebe zurückschneiden.

OBST PFLAUME, ZWETSCHE

Zwetschenrost

(Tranzschelia pruni-spinosae)

Symptome

- Blattoberseits kleine gelbe Flecken, auf den Blattunterseiten zuerst braune, später schwarze Pusteln. Stark befallene Blätter fallen ab. Tritt auch bei Mirabellen auf.

Bekämpfung und Vorbeugung

- Behandlung mit zugelassenem Fungizid, wenn erste Symptome sichtbar werden.
- Falllaub entfernen. Keine Anemonen in der Nähe von Zwetschen dulden, da sie Zwischenwirte des Rostpilzes sind.

Narren- oder Taschenkrankheit

(Taphrina pruni)

Symptome

- Statt normaler Früchte entwickeln sich längliche, flache, mehligweiß bepuderte, hohle, steinlose Gebilde. Häufig sind sie größer als normale Zwetschen. Später werden sie bräunlich und runzelig.

Bekämpfung und Vorbeugung

- Zur Blütezeit wiederholte Behandlungen mit einem zugelassenen Fungizid. Befallene Früchte und Zweige entfernen. Die Baumkrone zur besseren Durchlüftung regelmäßig auslichten.

Scharka-Krankheit an Zwetsche

(Plum pox virus)

Symptome

- Früchte mit Rillen und pockenartigen Einsenkungen, Fruchtfleisch gummiartig und ungenießbar. Auf den Blättern schwach aufgehellte Band- oder Ringmuster.

Bekämpfung und Vorbeugung

- Die Bekämpfung von Viruskrankheiten ist nicht möglich. Kranke Bäume roden. Nur virusfreie oder virusgetestete Zwetschen- und Pflaumenbäume pflanzen (Etikettenkennzeichnung: vf oder vt). Blattläuse bekämpfen.

PFLAUME, ZWETSCHE

Kleine Pflaumenblattlaus

(Brachycaudus helichrysi)

Symptome

- Triebe gestaucht und Blätter gekräuselt. Blattunterseiten mit hellgrünen Blattläusen. Bei starkem Befall sterben die Blätter ab. Überträger der Scharka-Krankheit (siehe Seite 41).

Bekämpfung und Vorbeugung

- Bei Befallsbeginn Bekämpfung mit einem zugelassenen Insektizid. Keine Sommerastern in der Nähe von Pflaumenbäumen anpflanzen, da die Kleine Pflaumenlaus im Sommer auf Astern überwechselt.

Mehlige Pflaumenblattlaus

(Hyalopterus pruni)

Symptome

- Triebe gestaucht, Triebspitzen sterben ab und vertrocknen. Blätter verkrümmen sich, auf den Blattunterseiten bläulichgrüne Blattläuse mit einer Wachsschicht. Auf den Blättern Honigtau und Rußtau.

Bekämpfung und Vorbeugung

- Bei Befallsbeginn Bekämpfung mit zugelassenem Insektizid. Zur Zeit des Austriebs Behandlung mit einem Ölpräparat gegen die Wintereier.

Schwarze und Gelbe Pflaumensägewespe

(Hoplocampa minuta, Hoplocampa flava)

Symptome

- Junge Früchte mit ein bis zwei Bohrlöchern und Gummifluss. Im Innern weißliche Larve mit braunem Kopf und schwärzlicher Kot. Die Larve frisst nacheinander an mehreren Früchten. Starker Fruchtfall.

Bekämpfung und Vorbeugung

- Weiße Leimtafeln zur Flugüberwachung und Befallsreduktion aufhängen. Abgefallene Früchte regelmäßig aufsammeln und vernichten.

OBST WALNUSS

Pflaumenwickler

(Cydia funebrana)

Symptome

- Junge befallene Früchte färben sich frühzeitig bläulich und fallen ab. Die Früchte haben ein Bohrloch mit einem Gummitropfen. Das Fruchtfleisch ist von einer rötlichen Made zerfressen, die viele Kotkrümel hinterlässt. Im August/September verursachen die Raupen der zweiten Generation an den nahezu reifen Früchten den größten Schaden.

Bekämpfung und Vorbeugung

- Der Falterflug kann mit einer Pheromonfalle überwacht werden. Eine biologische Bekämpfung ist mit Schlupfwespen der Art *Trichogramma cacoeciae* möglich. Den Baum ab und zu schütteln und abgefallene Früchte auflesen. Im August einen Wellpappe-Fanggürtel um den Stamm legen, im dem sich die Raupen zur Überwinterung und Verpuppung verstecken. Anfang Oktober den Fanggürtel wieder entfernen und die Raupen darin vernichten.

Marssonina-Blattfleckenkrankheit

(Marssonina juglandis)

Symptome

- Runde, graue bis dunkelbraune Flecken auf den Blättern von Walnuss. Auch die Fruchtschale wird fleckig. Vor allem in nassen Sommern vorzeitiger Blatt- und Fruchtfall. Die Nüsse werden trockenfaul.

Bekämpfung und Vorbeugung

- Pflanzenschutzmittel stehen nicht zur Verfügung. Für einen lockeren Kronenaufbau des Walnussbaumes sorgen. Kranke Blätter und Früchte entfernen.

WEIN

Echter Mehltau der Weinrebe

(Uncinula necator)

Symptome

- Blätter auf beiden Seiten, Beeren rundum mit mehlig-grauem Pilzbelag. Beeren platzen auf, so dass man die Kerne sieht.

Bekämpfung und Vorbeugung

- Einsatz eines zugelassenen Fungizids, sobald erste Blattflecken auftreten. Robuste Rebsorten wie 'Nero', 'Regent', 'Fanny' oder 'Birstaler Muskat' auswählen. Ein luftiger Standort und rechtzeitiger Laubschnitt reduzieren das Befallsrisiko.

Falscher Mehltau der Weinrebe

(Plasmopara viticola)

Symptome

- Blätter mit gelblich-braunen, ölig durchscheinenden Flecken, später weißer Pilzrasen blattunterseits. Beeren verfärben sich blauviolett und schrumpfen ein.

Bekämpfung und Vorbeugung

- Bei Befallsbeginn ein zugelassenes Fungizid einsetzen. Abgefallenes Laub sorgfältig beseitigen. Luftigen Standort wählen, Laub rechtzeitig schneiden. Robuste Sorten wählen (siehe Angaben beim Echten Mehltau).

Rebenpockenmilbe

(Eriophyes vitis)

Symptome

- Auf den Blattoberseiten pockenartige Erhebungen. In den Wölbungen auf den Blattunterseiten weißlicher Haarfilz, darin befinden sich winzige Gallmilben (nur mit starker Vergrößerung sichtbar).

Bekämpfung und Vorbeugung

- Bei starkem Befall im Vorjahr: Behandlung mit einem Ölpräparat zur Zeit des Austriebs.
- Befallene Blätter entfernen. Lufttrockenen Standort wählen.

OBST **BEERENOBST**

Grauschimmelfäule an Erdbeere

(Botrytis cinerea)

Symptome

- Früchte mit weißgrauem Pilzrasen, bei regnerischem Wetter faulen sie.

Bekämpfung und Vorbeugung

- Zu Beginn, Mitte und Ende der Blüte jeweils eine Behandlung mit einem zugelassenen Fungizid durchführen. Zu Blühbeginn Stroh oder Holzwolle zwischen die Reihen legen. Befallene Früchte entfernen. Widerstandsfähige Sorte wie 'Polka', 'Kent', 'Thuriga' oder 'Tenira' anpflanzen.

Weißfleckenkrankheit der Erdbeere

(Mycosphaerella fragariae)

Symptome

- Kleine rötliche Blattflecken, deren Zentrum sich später weißlich verfärbt. Die Krankheit tritt meist erst im Sommer nach der Ernte auf.

Bekämpfung und Vorbeugung

- Eine Bekämpfung ist in der Regel nicht erforderlich. Weniger anfällige Sorte wie 'Tenira' anpflanzen. Befallene Blätter entfernen bzw. das Laub nach der Ernte zurückschneiden. Auf eine ausgewogene Düngung und einen luftigen Stand achten.

Erdbeer- oder Himbeerblütenstecher

(Anthonomus rubi)

Symptome

- Die Blütenstiele sind angestochen, abgeknickt oder mit vertrockneter Knospe abgefallen. In der Knospe befindet sich eine cremefarbene Larve. Zur Verpuppung kriecht sie in den Boden.

Bekämpfung und Vorbeugung

- Es sind keine Präparate zur Bekämpfung zugelassen. Vertrocknende Blüten sofort absammeln, um den Entwicklungszyklus des Rüsselkäfers zu unterbrechen.

BEERENOBST

Brombeergallmilbe

(Acalitus essigi)

Symptome

- Brombeerfrüchte reifen nur ungleichmäßig aus und bleiben partiell rot. Schließlich trocknen sie ein und sind kaum mehr genießbar. Verursacher der Schäden sind winzig kleine Gallmilben.

Bekämpfung und Vorbeugung

- Ranken im Frühjahr ab einer Austriebslänge von etwa 10 cm mehrmals mit einem Rapsöl-Präparat behandeln. Befallene Ranken im Herbst/Winter nach der Ernte stark zurückschneiden.

Himbeerrutenkrankheit

(Didymella applanata, Leptosphaeria coniothyrium)

Symptome

- Im Frühsommer entstehen an den jungen Ruten blauviolette Flecken, die sich später silbrig verfärben und aufplatzen. Die Ruten sterben oft ab.

Bekämpfung und Vorbeugung

- Kranke und abgetragene Ruten herausschneiden. Für eine gleichmäßige Bodenfeuchte (z. B. durch Mulchen) sorgen. Starke Trockenheit begünstigt das Auftreten. Rutenverletzungen vermeiden, für einen lockeren Stand sorgen.

Himbeerkäfer

(Byturus tomentosus)

Symptome

- Kleine braune Käfer fressen in Knospen und Blüten, in den Früchten gelbliche Larven ("Würmer") mit braunem Kopf. Die Larven verpuppen sich im Boden.

Bekämpfung und Vorbeugung

- Während der Blüte Käfer mit weißen Leimtafeln abfangen und Ruten am Morgen über einem Gefäß abklopfen. Im Herbst tragende Sorten wie 'Autumn Bliss', 'Himbo Top' oder 'Golden Bliss' (gelbe Früchte) anpflanzen.

Johannisbeer-säulenrost

(Cronartium ribicola)

Symptome

- Blattoberseits kleine, gelbliche Flecken, blattunterseits gelbbraune Rostpusteln. Vor allem an Schwarzen Johannisbeeren. Zwischenwirte des Pilzes sind Weymouthskiefer und Zirbelkiefer (siehe Seite 96).

Bekämpfung und Vorbeugung

- Falllaub entfernen. Gering anfällige Sorte wie 'Titania' verwenden. Kein Anbau von Johannisbeeren in der Nähe von Weymouthskiefern.

Johannisbeer-blasenlaus

(Cryptomyzus ribis)

Symptome

- Vor allem an den Triebspitzen Blätter mit gelblich-roten, beulig-blasigen Auftreibungen. Blattunterseits befinden sich in den Wölbungen Blattläuse. Vor allem Rote Johannisbeeren werden befallen.

Bekämpfung und Vorbeugung

- Kurz vor dem Austrieb Einsatz eines Ölpräparates gegen die überwinternden Eier.
- Befallene Blätter und Triebspitzen sofort entfernen.

Amerikanischer Stachelbeermehltau

(Sphaerotheca mors-uvae)

Symptome

- Im Frühjahr weißer, später brauner, filzartiger Pilzbelag auf Blättern und Früchten. Triebspitzen sind gestaucht. Symptome an Stachelbeeren und Schwarzen Johannisbeeren.

Bekämpfung und Vorbeugung

- Kranke Triebspitzen entfernen. Nach dem Austrieb ggf. ein zugelassenes Fungizid einsetzen. Widerstandsfähige Sorte wie z. B. 'Invicta', 'Remarka' oder 'Rolanda' pflanzen.

GEMÜSE

DIE 16 SCHNELLSTEN ANTWORTEN

KRANKHEITEN & SCHÄDLINGE AN GEMÜSE

FRISCHES, GESUNDES GEMÜSE AUS DEM EIGENEN GARTEN IST DER WUNSCH VIELER GÄRTNER. DIE AUSWAHL AN GEMÜSE UND KRÄUTERN IST JA AUCH GROSS. UND DIE KRÄUTERANZUCHT IST SELBST AUF BALKON UND FENSTERBANK MÖGLICH. ABER GANZ SO EINFACH IST ES MIT DER KULTUR DANN DOCH NICHT: MANCHMAL KÜMMERN DIE PFLANZEN ODER STERBEN AB. OB GEGENMASSNAHMEN LOHNEN, IST IM EINZELFALL ABZUWÄGEN. MEIST WIRD MAN AUF SIE VERMUTLICH LIEBER VERZICHTEN. BESSER IST ES DANN, BEREITS GUT VORZUBEUGEN. DAZU MUSS MAN ABER ERST EINMAL WISSEN, WELCHE PROBLEME AUFTRETEN UND WIE MAN RICHTIG VORBEUGT.

GEMÜSEFLIEGEN SIND HÄUFIGE SCHÄDLINGE

Unter den Schädlingen bereiten vor allem Gemüsefliegen (Wurzelfliegen) Probleme: Sie fressen die Wurzeln an, wodurch Pflanzen welken und absterben. Die Kohlfliege etwa schädigt das Kohlgemüse oder die Bohnenfliege Bohnen und Erbsen. In Möhren hingegen bohrt sich die Larve der Möhrenfliege ein. Damit Schädlinge das Gemüse erst gar nicht befallen, decken Sie die Pflanzen einfach mit einem Kulturschutznetz ab. In feuchten Jahren dagegen gefährden vor allem Pilzkrankheiten Ihr Gemüse: Tomaten werden von der Kraut- und Braunfäule befallen, Gurken vom Falschen Mehltau heimgesucht.

PFLANZENSCHUTZMITTEL NICHT BEI GEMÜSE

Auf Pflanzenschutzmittel sollten Sie bei Gemüse dennoch besser verzichten. Die Anwendung ist aus vielerlei Sicht problematisch. Nutzen Sie eher die Vorteile der Mischkultur oder pflanzen Sie robuste, widerstandsfähige Sorten (z. B. Tomaten, die gegen Kraut- und Braunfäule widerstandsfähig sind). Auch den Anbau robuster, veredelter Gurken und Tomaten sollte man probieren.

BOHNE

Bohnenrost an Stangenbohne

(Uromyces appendiculatus var. *appendiculatus)*

Symptome

- Ältere Blätter weisen gelbe bis gelbbraune, leicht gewölbte Flecken (Pocken) auf. Blattunterseits entwickeln sich zunächst weißliche, später braun gefärbte Rostpusteln. Bei starkem Auftreten tritt Blattfall ein.

Bekämpfung und Vorbeugung

- Kranke Blätter abpflücken und vernichten. Anbaufläche wechseln. Kletterhilfen für Stangenbohnen gründlich säubern.

Pferdebohnenkäfer (Ackerbohnenkäfer) bei Dicke Bohne

(Bruchus rufimanus)

Symptome

- An Bohnenhülsen treten stecknadelkopf-große Verbräunungen auf. Sie kommen auch an den Samen vor. Im Sameninnern sind zusätzlich z. T. winzige, farblose Larven vorhanden.

Bekämpfung und Vorbeugung

- Keine befallenen Bohnen zur Saat verwenden. Frühe Aussaat vornehmen, da früh angebaute Dicke Bohnen (Ernte Juni/Juli) kaum befallen werden.

Gemeine oder Bohnenspinnmilbe an Buschbohne

(Tetranychus urticae)

Symptome

- Blätter färben sich fahlgrün bis gelb. An Blattunterseite befindet sich ein feines Gespinst. Später Braunfärbung der Blätter und Absterben der Pflanzen. Tritt bei trocken-warmem Wetter auf.

Bekämpfung und Vorbeugung

- Befallene Blätter entfernen. Im Gewächshaus Nützlinge (Raubmilben) aussetzen, frühzeitig lüften und Luftfeuchte erhöhen.

GEMÜSE GURKE

Echter Mehltau an Schlangengurke

(Sphaerotheca fuliginea, Erysiphe cichoracearum)

Symptome

- Auf den Blättern bilden sich mehlig-weiße Flecken, die später das ganze Blatt bedecken können. Bei starkem Befall werden die Blätter braun und sterben ab.

Bekämpfung und Vorbeugung

- Wiederholt vorbeugend mit einem Pflanzenstärkungsmittel oder Fungizid behandeln. Widerstandsfähige Sorte auswählen. Starke Temperaturschwankungen im Gewächshaus vermeiden.

Falscher Mehltau an Einlegegurke

(Pseudoperonospora cubensis)

Symptome

- Blätter weisen eckige, durch die Blattadern begrenzte Flecken auf. Die Blätter werden dann braun und Gurkenpflanzen sterben anschließend sehr schnell ab. Die Krankheit tritt im Sommer bei feuchter Witterung auf.

Bekämpfung und Vorbeugung

- Frühzeitig und wiederholt mit einem Fungizid behandeln. Gurken nach Möglichkeit im Gewächshaus anbauen. Widerstandsfähige Sorte auswählen.

Pythium-Welke bei Gurke

(Pythium debaryanum)

Symptome

- Der Stängelgrund ist eingeschnürt und braun verfärbt. Schlechte Wurzelbildung. Nachfolgend tritt eine Welke ein und die Pflanze stirbt ab. Der Pilz überdauert im Boden.

Bekämpfung und Vorbeugung

- Eine Bekämpfung ist nicht möglich. Kranke Pflanzen entfernen. Für die Anzucht befallsfreie Erde verwenden. Junge Pflanzen nicht zu kalt halten und zurückhaltend bewässern.

GURKE

Blattläuse an Schlangengurke

(Aphidina)

Symptome

- Junge Blätter kräuseln sich und Triebspitzen sind verkrüppelt. Später Absterben der Triebspitzen möglich. Verschmutzung durch Honigtau und sich ansiedelnde schwarze Rußtaupilze.

Bekämpfung und Vorbeugung

- Blattläuse mit kräftigem Wasserstrahl abspritzen oder befallene Triebspitzen zurückschneiden. Nützlinge wie Schlupfwespen, Larven der Räuberischen Gallmücke oder Florfliege aussetzen.

Spinnmilben an Schlangengurke

(Tetranychus urticae)

Symptome

- Blätter färben sich fahlgrün bis gelb. An Blättern und Triebspitzen befindet sich ein feines Gespinst. Später Braunfärbung der Blätter und Absterben der Pflanzen möglich. Befall tritt vor allem bei trocken-warmem Klima im Gewächshaus auf.

Bekämpfung und Vorbeugung

- Im Gewächshaus Nützlinge (Raubmilben) aussetzen. Hohe Temperaturen im Gewächshaus vermeiden und Luftfeuchte erhöhen.

Weiße Fliege an Schlangengurke

(Trialeurodes vaporariorum)

Symptome

- Kleine weiße Fliegen, die an den Blattunterseiten leben. Verschmutzung der Blätter und Früchte durch Honigtauausscheidungen und sich nachfolgend ansiedelnde schwarze Rußtaupilze. Befall auch an Tomate.

Bekämpfung und Vorbeugung

- Im Gewächshaus Schlupfwespen *(Encarsia formosa)* aussetzen. Ausreichend lüften. Keine von Weißer Fliege befallenen Zierpflanzen oder Unkräuter in unmittelbarer Nähe dulden.

GEMÜSE KOHL

Kohlschwärze

(Alternaria brassicae, Alternaria brassicicola)

Symptome

- An Kohlblättern bilden sich bei feuchter Witterung kreisrunde braune oder graue Flecken mit konzentrischen Ringen, z. T. mit schwarzen Pünktchen (Sporenlager). Befall tritt zuerst an den älteren Blättern auf.

Bekämpfung und Vorbeugung

- Kranke Blätter oder Pflanzen entfernen. Zur Anzucht befallsfreies Saatgut verwenden. Blätter der Pflanzen möglichst trocken halten.

Kohlhernie

(Plasmodiophora brassicae)

Symptome

- Kohlpflanzen werden bleich, welken und sterben ab. An Wurzeln knötchenartige Verdickungen. Blumenkohl, Chinakohl und Kohlrabi sind besonders anfällig. Bodenpilz.

Bekämpfung und Vorbeugung

- Befallene Pflanzen über Restmüll entsorgen. Kalkstickstoff streuen. Keine verseuchte Erde für die Anzucht verwenden. Im Boden pH-Wert 7,0 anstreben. Weitgestellte Fruchtfolge einhalten. Staunasse Böden meiden.

Kohlgallenrüssler

(Ceutorhynchus pleurostigma)

Symptome

- Das Wachstum von Kohlpflanzen ist gehemmt, besonders von jüngeren. An Wurzeln und Stängelgrund befinden sich gallenartige Verdickungen. Gallen sind von innen hohl und z. T. mit weißen Larven besetzt (Unterscheidungsmerkmal zur Kohlhernie).

Bekämpfung und Vorbeugung

- Befallene Kohlpflanzen entfernen und vernichten. Eine ausreichende Fruchtfolge einhalten.

KOHL

Kleine Kohlfliege

(Delia brassicae)

Symptome

- Kohlpflanzen welken und sterben ab. Im Wurzelbereich fressen bis zu 1 cm lange, weiße Fliegenlarven (Maden). Bei Rettich und Radies bleiben Fraßgänge in Rübe und Knolle zurück.

Bekämpfung und Vorbeugung

- Insektizid oder Pflanzenstärkungsmittel bei der Saat in die Saatreihen oder nach der Pflanzung an den Wurzelhals streuen. Pflanzen mit einem dichten Kulturschutznetz abdecken.

Mehlige Kohlblattlaus

(Brevicoryne brassicae)

Symptome

- Graugrüne, mit weißer Wachswolle bedeckte Blattläuse saugen an Kohlblättern. Sie treten in Kolonien auf. Es kommt zu violetten Blattverfärbungen und Deformationen. Warme Sommerwitterung fördert den Befall.

Bekämpfung und Vorbeugung

- Nützlingsschonendes Insektizid einsetzen. Häufig erfolgt eine Parasitierung durch natürlich auftretende Schlupfwespen. Kohlpflanzen mit dichtem Kulturschutznetz abdecken.

Kohlmottenschildlaus

(Aleyrodes proletella)

Symptome

- An Blattunterseiten sitzen weiße, fliegenähnliche Tiere. Es entstehen Blattschäden und Verschmutzungen durch Honigtau und Rußtaupilze. Tritt bei trocken-warmer Witterung auf.

Bekämpfung und Vorbeugung

- Einsatz eines Pflanzenschutzmittels möglich, Bekämpfung aber schwierig. Keinen befallenen Kohl über den Winter auf den Beeten stehen lassen. Kohl mit einem engmaschigen Kulturschutznetz abdecken.

Kohlerdflöhe

(Phyllotreta-Arten)

Symptome

- Kleine schwarze Käfer oder schwarze mit gelben Streifen, die sich springend fortbewegen, fressen an jungen Kohlblättern. Es bleiben zahlreiche grubenförmige Fraßstellen oder kleine Löcher zurück. Keimlinge können absterben. Die Käfer treten vor allem bei trocken-warmem Wetter auf.

Bekämpfung und Vorbeugung

- Ein Abdecken der Pflanzen mit einem Kulturschutznetz dämmt die Zuwanderung ein.

Großer Kohlweißling

(Pieris brassicae)

Symptome

- An Kohlblättern tritt Blattrand-, Loch-, Fenster- oder Skellettierfraß durch grüne, braune oder gelbschwarze Schmetterlingsraupen auf. Teilweise wird der Kohl durch zurückbleibenden Kot verschmutzt. Verschiedene Raupenarten treten auf.

Bekämpfung und Vorbeugung

- Raupen per Hand absammeln. Biologisches Insektizid *(Bacillus thuringiensis)* spritzen. Kohlpflanzen mit einem Kulturschutznetz abdecken.

Platzer bei Kohlrabi

(Nichtparasitäre Schadursache)

Symptome

- Kohlrabiknollen platzen auf. Diese Erscheinung kommt vor allem vor, wenn auf längere Trockenphasen feuchte Witterung folgt. Überdüngung und mechanische Verletzungen begünstigen das Platzen. Kohlrabi-Sorten sind unterschiedlich anfällig.

Bekämpfung und Vorbeugung

- Während der Jungpflanzenanzucht für gleichmäßiges Wachstum sorgen. Starke Schwankungen bei der Wasserversorgung vermeiden.

MÖHRE

Möhrenschwärze

(Alternaria dauci)

Symptome

- Am Möhrenlaub treten bei feuchter Witterung braunschwarze Flecken auf. Nachfolgend stirbt das Laub ab. Es kommt zu Ertragsminderungen. Am Möhrenkörper können später ebenfalls schwarze Flecken entstehen.

Bekämpfung und Vorbeugung

- Der Einsatz eines Pflanzenschutzmittels lohnt nicht. Widerstandsfähige Sorte auswählen. Windoffene Lage für den Anbau bevorzugen.

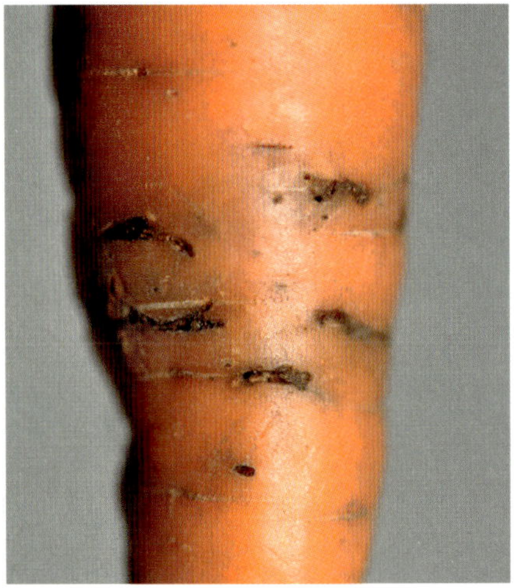

Möhrenfliege

(Psila rosae)

Symptome

- Im Möhrenköper rostbraune Fraßgänge durch weiße, 6-8 mm lange Maden. Die Fliege legt ihre Eier zuvor an den Wurzelhals der Möhrenpflanze ab.

Bekämpfung und Vorbeugung

- Vorbeugend ein Insektizid oder Pflanzenstärkungsmittel in die Saatreihen streuen. Windoffene Lage und weniger anfällige Sorte wählen. Möhren mit einem Kulturschutznetz abdecken. Befallsminderung durch Mischkultur mit Zwiebeln möglich.

Feldmaus bei Möhre

(Microtus arvalis)

Symptome

- Möhrenkörper ist durch Mäuse angefressen. Im Boden bleiben offene Löcher zurück (wichtiges Unterscheidungsmerkmal zum Befall durch Wühlmäuse).

Bekämpfung und Vorbeugung

- Feldmausköder in die Löcher streuen. Köder niemals offen auslegen, da sie vogelgiftig sind. Natürliche Gegenspieler ansiedeln, beispielsweise durch Aufstellen von Sitzstangen für Greifvögel.

GEMÜSE SALAT

Falscher Mehltau an Salat

(Bremia lactucae)

Symptome

- An unteren Salatblättern entstehen gelbe, später braune Flecken. Blattunterseits tritt ein weißer Pilzrasen auf. Befallene Blätter sterben ab.

Bekämpfung und Vorbeugung

- Kranke Blätter, Pflanzen und Ernterückstände entfernen. Vorbeugend ggf. ein Fungizid spritzen. Resistente Sorte auswählen. Salat nicht zu eng und möglichst in windoffener Lage pflanzen. Morgens bewässern.

Sklerotinia-Fäule an Salat

(Sclerotinia sclerotiorum, Sclerotinia minor)

Symptome

- Salatpflanzen welken und sterben ab. Am Stängelgrund tritt ein weißes Pilzgeflecht und Fäulnis auf. Verschiedene weitere Fäulnispilze kommen ebenfalls vor.

Bekämpfung und Vorbeugung

- Kranke Pflanzen entfernen. Ernterückstände beseitigen und nicht in den Boden einarbeiten. Anbaufläche wechseln. Salatpflanzen nicht zu tief und eng setzen. Morgens bewässern.

Schnecken an Salat

(Mollusca)

Symptome

- Blätter sind vom Rand her angefressen. Es bleiben z. T. Kotschnüre und Schleim zurück. Befall tritt vor allem bei anhaltend feuchter Witterung auf.

Bekämpfung und Vorbeugung

- Schnecken per Hand absammeln. Gegebenenfalls Schneckenkorn streuen. Gegen Ackerschnecken lassen sich auch nützliche Nematoden ausbringen. Pflanzen möglichst nur morgens gießen. Schneckenzaun und Bierfallen aufstellen.

RHABARBER, SELLERIE & SPARGEL

Blattfleckenkrankheit an Rhabarber

(Ascochyta rhei, Ramularia rhei)

Symptome

- An Blättern treten runde, z. T. rot umrandete Flecken mit heller Mitte auf. Flecken kommen auch an Stängeln vor. Bei starkem Befall, der sich vor allem bei feuchter Witterung entwickelt, sterben die Blätter ab.

Bekämpfung und Vorbeugung

- Kranke Blätter entfernen. Pflanzenschutzmittel zur direkten Bekämpfung sind nicht zugelassen. Sonnige, windoffene Lage wählen.

Septoria-Blattfleckenkrankheit an Sellerie

(Septoria apiicola)

Symptome

- An Blättern gelblich-braune bis graubraune Flecken mit schwarzen Pünktchen. Sellerielaub stirbt bei starkem Befall ab. Ertrag wird gemindert. Tritt bei feuchter Witterung auf.

Bekämpfung und Vorbeugung

- Kranke Blätter entfernen. Vorbeugend ein Fungizid spritzen. Widerstandsfähige Sorte auswählen. Nicht zu eng pflanzen, damit Blätter nach Niederschlägen rasch wieder abtrocknen.

Spargelhähnchen an Spargel

(Crioceris asparagi)

Symptome

- Schwarze bis rotbraune Käfer mit weißen Flecken und schmutziggrüngraue Larven fressen am Spargellaub und nagen die Rinde der Triebe ab. Vor allem Jungspargel wird durch Fraß geschwächt. Ein weiterer Käfer, der Zwölfgepunktete Spargelkäfer, tritt gelegentlich ebenfalls auf.

Bekämpfung und Vorbeugung

- Auftretende Käfer und Larven regelmäßig per Hand absammeln oder abschütteln.

GEMÜSE TOMATE

Grauschimmelfäule an Tomate

(Botrytis cinerea)

Symptome

- An Stängeln, Trieben und Früchten bildet sich bei feuchter Witterung ein mausgrauer Pilzsporenrasen. Es tritt Fäulnis auf.

Bekämpfung und Vorbeugung

- Befallene Pflanzenteile abpflücken. Untere Blätter zur besseren Bestandsdurchlüftung entfernen. Tomaten nicht zu eng pflanzen. Möglichst nur morgens und nicht über die Blätter gießen. Im Gewächshaus rechtzeitig lüften, um Luftfeuchte niedrig zu halten.

Kraut- und Braunfäule der Tomate

(Phytophthora infestans)

Symptome

- An Blättern und Stängeln finden sich graugrüne bis braune Flecken. Absterben der Pflanzen möglich. Braune, eingesunkene Flecken auch an Früchten. Fruchtfleisch verhärtet und wird braunfaul.

Bekämpfung und Vorbeugung

- Kranke Blätter entfernen, ggf. Fungizide spritzen. Keine Kartoffeln neben Tomaten anbauen. Widerstandsfähige Sorte wählen. Tomaten vor Regen schützen. Im Gewächshaus frühzeitig lüften.

Samtfleckenkrankheit der Tomate

(Cladosporium fulvum)

Symptome

- An Blättern treten gelbe Flecken auf. Blattunterseits bildet sich ein samtartiger brauner Sporenrasen. Bei starkem Befall sterben die Blätter ab. Krankheit kommt im Gewächshaus bei hohen Temperaturen und hoher Luftfeuchte vor.

Bekämpfung und Vorbeugung

- Kranke Blätter und befallene Pflanzen entfernen. Fungizid einsetzen. Resistente Sorte wählen. Im Gewächshaus für ausreichende Belüftung sorgen.

ZWIEBELGEMÜSE

Falscher Mehltau an Zwiebel

(Peronospora destructor)

Symptome

- An Schlotten entstehen ovale, graugrüne Flecken. Später bildet sich ein violettgrauer Pilzsporenrasen. Schließlich stirbt das Laub ab. Krankheit tritt bei regnerischem Wetter auf.

Bekämpfung und Vorbeugung

- Kranke Pflanzen entfernen. Widerstandsfähige Sorten auswählen. Keine infizierten Steckzwiebeln verwenden bzw. nicht zu dicht säen. Regelmäßig die Anbaufläche wechseln.

Porreerost an Porree

(Puccinia allii)

Symptome

- Am Porreelaub entstehen länglich ovale, rostbraune Pusteln, die schlitzartig aufgerissen sind. Die Pilzkrankheit tritt vor allem im Spätsommer bei warmer Witterung und hoher Luftfeuchte auf. Ständiger Regen hingegen hemmt die Entwicklung des Pilzes eher.

Bekämpfung und Vorbeugung

- Krankes Porreelaub entfernen. Weniger anfällige Sorte auswählen.

Schalottenblattlaus an Schnittlauch

(Myzus ascalonicus)

Symptome

- An Schlotten von Schnittlauch sitzen massenhaft vorkommende hellgrün gefärbte Blattläuse. Es entstehen Schäden durch Honigtauausscheidungen und sich nachfolgend ansiedelnde schwarze Rußtaupilze. Befall tritt vor allem bei warmem Klima im Gewächshaus oder Zimmer auf.

Bekämpfung und Vorbeugung

- Blattläuse mit einem kräftigen Wasserstrahl abspritzen oder mit Fingern abstreifen.

Lauchmotte an Porree

(Acrolepiopsis assectella)

Symptome

- An Blättern wird ein oberflächlicher Schabefraß sichtbar. Später entstehen Miniergänge in den Blättern, die von gelblich-weißen, bis 13 mm langen Larven verursacht werden. Starker Fraß bis ins Herz kann zu Fäulnis führen.

Bekämpfung und Vorbeugung

- Befallene Blätter abpflücken und vernichten. Pflanzenbestand mit einem Kulturschutznetz abdecken.

Porreeminierfliege

(Napomyza gymnostoma)

Symptome

- Erste Anzeichen eines Befalls sind winzige, in Reihen angeordnete, punktartige Einstichstellen der erwachsenen Fliege. Die Larven verursachen später Fraßgänge in Blatt und Porreestange. Braune Puppen, die in Fraßgängen in Stangen zurückbleiben, entwerten den Porree zusätzlich.

Bekämpfung und Vorbeugung

- Befallenen Porree entfernen. Pflanzenbestand mit einem engmaschigen Kulturschutznetz abdecken.

Zwiebelthrips an Porree

(Thrips tabaci)

Symptome

- Etwa 1 mm lange, hell oder dunkel gefärbte Insekten saugen an Blättern. Es entstehen kleine weißliche bis silbrig schimmernde Flecken. Zusätzlich bleiben winzige schwarze Kottröpfchen zurück. Der Schädling tritt verstärkt bei trocken-warmem Wetter im Spätsommer auf.

Bekämpfung und Vorbeugung

- Einsatz eines Pflanzenschutzmittels lohnt nicht. Pflanzen mit einem engmaschigen Kulturschutznetz abdecken.

LAUBGEHÖLZE

DIE
36
SCHNELLSTEN
ANTWORTEN

KRANKHEITEN & SCHÄDLINGE AN LAUBGEHÖLZEN

VIELE PROBLEME, DIE AN LAUBGEHÖLZEN AUFTRETEN, GEFÄHRDEN DAS EIGENTLICHE WACHSTUM DER GEHÖLZE KAUM. MEIST WERDEN LEDIGLICH DIE BLÄTTER BEFALLEN UND DER SCHADEN IST NUR REIN OPTISCHER NATUR: DENN SOMMERGRÜNE LAUBGEHÖLZE WERFEN IHR LAUB IM HERBST OHNEHIN AB. PROBLEMATISCHER IST ES, WENN DIE WURZELN GESCHÄDIGT WERDEN. PFLANZEN STERBEN DANN NICHT SELTEN VOLLSTÄNDIG AB.

AUSNAHMEN

Eine Ausnahme bilden grundsätzlich aber die immergrünen Gehölze wie Buchsbaum, Kirschlorbeer und Rhododendron. Da sie ihre Blätter nicht abwerfen, bleiben Beeinträchtigungen dauerhaft bestehen. Bekämpfungsmaßnahmen sind bei ihnen daher gegebenenfalls sinnvoll.

PFLANZENSCHUTZMASSNAHMEN SELTEN NÖTIG

Direkte Pflanzenschutzmaßnahmen sind bei Laubgehölzen meist nicht erforderlich. Anspruchsvoller sind aber die immergrünen Gehölze. Vor allem der Buchsbaum macht in den letzten Jahren von sich reden, denn er wird vermehrt von gefährlichen Schadorganismen wie dem Buchsbaumzünsler und dem *Cylindrocladium*-Triebsterben befallen. Wenn man gegen sie nicht vorgeht, können starke Schäden entstehen, sogar ein Absterben ist möglich. Kirschlorbeer und Rhododendron haben ebenfalls viele Feinde, gegen die man besser etwas unternimmt.

MECHANISCHE BEKÄMPFUNG HAT VORRANG

Die meisten Krankheiten und Schädlinge an Laubgehölzen bekämpft man möglichst mechanisch, z. B. indem man erkrankte Äste und Triebe zurückschneidet. Abgefallene kranke Blätter sammelt man möglichst frühzeitig ein und entsorgt sie.

KRANKHEITEN

Blattfleckenkrankheit an Efeu

(verschiedene Pilzarten)

Symptome

- An Blättern treten mehr oder weniger runde, braune bis gräulich-schwarze Flecken auf. Innerhalb der Flecken sind mitunter winzig kleine, schwarze Pünktchen (Pilzfruchtkörper) sichtbar. Die Krankheit tritt bei feuchter Witterung auf.

Bekämpfung und Vorbeugung

- Befallene Blätter abpflücken. Vorbeugend ein Fungizid einsetzen. Windoffene Lagen bevorzugen.

Teerfleckenkrankheit an Ahorn

(Rhytisma acerinum)

Symptome

- An Blättern von Berg- und Spitzahorn treten zunächst gelbliche, später schwarze, leicht gelblich umrandete, runde, etwa 1-2 cm große Flecken auf, die tinten- oder teerfleckenähnlich aussehen. Nachfolgend sterben die Blätter z. T. ab.

Bekämpfung und Vorbeugung

- Der Einsatz eines Fungizids lohnt in der Regel nicht. Da der Pilz an erkrankten Blättern überwintert, abfallendes Laub entfernen.

Blattfleckenkrankheit an Linde

(Cercospora microsora)

Symptome

- An Blättern treten bei feuchter Witterung winzig kleine, braunschwarze Flecken auf. Es kann zu vorzeitigem Blattfall kommen.

Bekämpfung und Vorbeugung

- Der Einsatz eines Fungizids lohnt in der Regel nicht. Kranke, vom Baum abfallende Blätter aufsammeln und entsorgen.

Schrotschusskrankheit an Kirschlorbeer

(Stigmina carpophila und andere Arten)

Symptome

- An jungen Blättern treten runde bis ovale, karminrote bis bräunliche Flecken auf. Das Gewebe im Bereich der Flecken stirbt ab und fällt heraus: Es bleiben schrotschussartige Löcher zurück. Kommt vor allem bei feuchter Witterung vor. Stark anfällig ist die Sorte 'Reynvaanii'.

Bekämpfung und Vorbeugung

- Ab Austrieb Behandlungen mit einem Fungizid durchführen. Weniger anfällige Sorte wählen.

Echter Mehltau an Kirschlorbeer

(Podosphaera tridactyla)

Symptome

- An den Unterseiten junger Blätter tritt ein mehlig-weißer Sporenbelag auf, der selten blattoberseits vorkommt. An Blattunterseiten sind z. T. winzige korkige Stellen sichtbar. Triebspitzen sterben bei starkem Befall ab. Tritt an starkwüchsigen, breitblättrigen Sorten auf.

Bekämpfung und Vorbeugung

- Befallene Triebe zurückschneiden. Vorbeugend ein Fungizid einsetzen. Weniger anfällige Sorte pflanzen.

Echter Mehltau an Ahorn

(Uncinula bicornis, Uncinula tulasnei, Phyllactinia guttata)

Symptome

- Auf den Blättern entstehen zunächst scharf begrenzte mehlig-weiße Flecken, bis die Blätter später fast vollständig von einem weißen Pilzbelag bedeckt sind. Die Blätter sterben in der Regel aber nicht ab und bleiben am Trieb haften.

Bekämpfung und Vorbeugung

- Eine Bekämpfung ist meist nicht erforderlich. Der vorbeugende Einsatz eines Fungizids ist aber möglich.

KRANKHEITEN

Clematissterben (Clematiswelke)

(Nichtparasitäre Ursachen und Schadpilze)

Symptome

- Einzelne Triebe oder auch ganze Pflanzen welken plötzlich und sterben ab. Tritt besonders in schweren, staunassen Böden auf.

Bekämpfung und Vorbeugung

- Befallene Triebe zurückschneiden. Widerstandsfähige Art oder Sorte pflanzen (Wildarten). Verdichtete, staunasse Böden meiden. Stammgrundverletzungen verhindern. Für Beschattung am Stammgrund und gleichmäßige Bodenfeuchte sorgen.

Bakterienkrebs an Forsythie

(Rhodococcus fascians)

Symptome

- An Zweigen von Forsythie treten gallenartige Wucherungen auf, die durch Bakterien verursacht werden. Bei starkem Befall kann es zu einer Hemmung des Wachstums und zu einer verminderten Blüte kommen. Selten sterben Forsythien-Triebe aber komplett ab.

Bekämpfung und Vorbeugung

- Vorhandene Gallen herausschneiden oder betroffene Zweige ganz entfernen.

Feuerbrand an Zwergmispel

(Erwinia amylovora)

Symptome

- Triebspitzen welken und krümmen sich krückstockartig. Blätter und Blüten sind verbräunt, z. T. fast schwarz verfärbt und sehen wie verbrannt aus. An Befallsstellen kann heller, gelbbrauner Bakterienschleim austreten. Befallen werden nur Rosaceen. Infektion über die Blüte. Bakterienkrankheit.

Bekämpfung und Vorbeugung

- Befallene Gehölze roden. Eventuell einen Rückschnitt vornehmen.

Feuerdornschorf

(Spilocaea pyracanthae)

Symptome

- An Blättern, Blüten und später an Beeren treten olivgrüne bis schwarze Flecken auf. Flecken können schließlich zusammenfließen und größere Bereiche bedecken. Der Zierwert der Beeren wird vermindert. Blätter können zudem absterben. Der Pilz tritt bei feuchter Sommerwitterung auf.

Bekämpfung und Vorbeugung

- Gegebenenfalls vorbeugend mit einem Fungizid behandeln.

Hallimasch

(Armillaria mellea und verwandte Arten)

Symptome

- Der Pilz breitet sich im Kambiumgewebe zwischen Rinde und Holz aus. Unter der Rinde kommt ein weißes, fächerartiges Myzel vor. Im Herbst treten Fruchtkörper auf. Schwarze Rhizomorphen sorgen für die weiträumige Verbreitung. Befallen werden geschwächte Gehölze, die später meist absterben.

Bekämpfung und Vorbeugung

- Befallene Gehölze mit Wurzeln roden. Für gutes Pflanzenwachstum sorgen.

Monilia-Spitzendürre an Mandelbäumchen

(Monilinia laxa)

Symptome

- Triebspitzen sterben schon kurz nach der Blüte ab. Blüten bleiben anschließend an den erkrankten Trieben haften. Die Pilzkrankheit tritt auf, wenn es zur Blütezeit kühl und regnerisch ist.

Bekämpfung und Vorbeugung

- Befallene Triebspitzen nach der Blüte bis ins gesunde Holz zurückschneiden. Auf den Einsatz eines Fungizids sollte verzichtet werden.

KRANKHEITEN

Blattbräune der Platane

(Apiognomonia veneta)

Symptome

- Der Neuaustrieb welkt und stirbt ab. An Blättern zunächst Braunfärbung entlang der Blattadern und zackenartiges, partielles Verbräunen des Blattgewebes. Später sterben Blätter vollständig ab. Es können Rindennekrosen auftreten.

Bekämpfung und Vorbeugung

- Pilz überdauert im Falllaub. Daher abfallendes Laub vor dem Winter entfernen. Astpartien mit Rindennekrosen im Winter herausschneiden.

Rosskastaniensterben

(Pseudomonas syringae pv. aesculi)

Symptome

- Bäume mit schütterer Krone und einzelnen abgestorbenen Ästen. An Stamm und Ästen treten einzelne braunschwarze Flecken auf, die z. T. stark bluten. Es bilden sich Stamm- und Astrisse. Das Gewebe unter der Rinde ist braun bis schwarz verfärbt. Bakterienkrankheit.

Bekämpfung und Vorbeugung

- Eine direkte Bekämpfung ist nicht möglich. Befallene Bäume ggf. roden und vernichten. Schnittwerkzeuge desinfizieren.

Phoma-Triebsterben bei Immergrün

(Phoma exigua var. exigua)

Symptome

- Einzelne Triebe und Blätter verbräunen und sterben ab. Triebe sind partiell dunkel verfärbt. Sie weisen Einschnürungen und z. T. schwarze Fruchtkörper auf. Später Absterben ganzer Pflanzen möglich. Pilzkrankheit tritt bei feuchter Witterung auf.

Bekämpfung und Vorbeugung

- Kranke Pflanzen mit Wurzeln und Erde entfernen. Verdichtete, zur Vernässung neigende Böden für eine Anpflanzung meiden.

Mahonienrost

(Cumminsiella mirabilissima)

Symptome

- An Blättern bilden sich runde bis eckige rote Flecken. Unter den Blättern sind zunächst gelbliche, später kastanienbraune Rostpusteln zu finden. Es kann zu Blattfall kommen. Der Pilz überwintert im Falllaub.

Bekämpfung und Vorbeugung

- Abfallende Blätter entsorgen. Kranke Triebe zurückschneiden, vorzugsweise im Herbst. Ab Befallsbeginn eventuell mit einem Fungizid behandeln.

Verticillium-Welke bei Trompetenbaum

(Verticillium dahliae, Verticillium albo-atrum)

Symptome

- Äste und Triebe welken und sterben ab. Es liegt ein Befall mit Schadpilzen in den Leitungsbahnen vor, die diese verstopfen. Beim Durchschneiden der Äste werden im Splintholz dunkle, ringförmig angeordnete Verfärbungen sichtbar.

Bekämpfung und Vorbeugung

- Befallene Äste zurückschneiden. Ein Fortschreiten der Erkrankung ist aber trotzdem möglich. Pilze überdauern im Boden. Vor Neupflanzung Boden austauschen.

Volutella-Triebsterben bei Dickmännchen

(Volutella pachysandrae)

Symptome

- An Blättern treten runde bis ovale, bräunliche Flecken mit konzentrischen Ringen auf. Stängelgrund fault, wodurch Triebe welken und absterben. Der Pilz überdauert im Boden. Feuchte Witterung fördert den Befall.

Bekämpfung und Vorbeugung

- Befallene Pflanzen einschließlich der angrenzenden Erde entfernen. Windoffene Lage, an der Pflanzen schneller abtrocknen, für eine Anpflanzung bevorzugen.

SCHÄDLINGE

Schwarze Bohnenblattlaus an Pfeifenstrauch

(Aphis fabae)

Symptome

- An Triebspitzen sitzen im Frühjahr schwarze Blattläuse, die dort saugen. Triebspitzen verkrüppeln. Im Frühsommer erfolgt ein Wirtswechsel zu Gemüse und Zierpflanzen, bis die Blattläuse im Herbst zur Überwinterung zu den Gehölzen zurückkehren.

Bekämpfung und Vorbeugung

- Gegenmaßnahmen sind nicht erforderlich, z. T. wird der Befall durch Nützlinge auf natürliche Weise dezimiert (siehe Seite 20).

Blattläuse an Ahorn

(Aphidina)

Symptome

- An Gehölzen wie Ahorn und anderen können sehr unterschiedlich aussehende Blattlausarten auftreten. Sie sitzen zumeist an den Triebspitzen, wo sie das Pflanzengewebe besaugen. Blätter und Triebspitzen können sich durch einen Befall kräuseln und später verkrüppeln.

Bekämpfung und Vorbeugung

- Gegenmaßnahmen sind in der Regel nicht erforderlich. Nützlinge schonen.

Buchenblattbaumlaus

(Phyllaphis fagi)

Symptome

- An Blattunterseiten von Rotbuche sitzen 2–3 mm große, gelblich-grüne Blattläuse, die mit weißer Wachswolle bedeckt sind. Die Blätter wölben sich bei Befall oder rollen sich leicht ein. Später können sie absterben. Die Läuse scheiden große Mengen an klebrigem Honigtau aus.

Bekämpfung und Vorbeugung

- Systemisches Insektizid einsetzen. Dabei die Blattunterseiten gut benetzen.

Ligusterblattlaus

(Myzus ligustri)

Symptome

- Kleine gelbe bis gelbgrüne Blattläuse saugen an den Blattunterseiten. Die Blätter rollen sich röhrenartig ein, vergilben teilweise und sterben mitunter schon im Frühsommer ab. Es tritt Blattfall ein. Liguster kann so schon im Sommer weitgehend entlaubt sein.

Bekämpfung und Vorbeugung

- Eine Bekämpfung mit einem systemischen Insektizid ist empfehlenswert.

Blutlaus

(Eriosoma lanigerum)

Symptome

- An Schnittstellen, Wunden und Kurztrieben von Zierapfel siedeln sich mit weißer Wachswolle bedeckte Blattläuse an. An Jungtrieben bilden sich Wucherungen und Missbildungen („Blutlauskrebs").

Bekämpfung und Vorbeugung

- Missgebildete Triebe herausschneiden. Befallsnester der Blutlaus mit scharfem Wasserstrahl abspritzen oder mit einem Insektizid behandeln. Ansiedlung der Blutlauszehrwespe fördern.

Gefurchter Dickmaulrüssler

(Otiorhynchus sulcatus)

Symptome

- Blätter sind am Rand durch nachtaktive, schwarze Käfer buchtenartig angefressen. Die cremefarbenen Larven leben im Boden und fressen an den Wurzeln, wodurch Pflanzen zunächst welken und später absterben.

Bekämpfung und Vorbeugung

- Erwachsene Käfer, die versteckt leben und selten angetroffen werden, nach Möglichkeit absammeln. Im Boden lebende Larven mit nützlichen Nematoden bekämpfen.

SCHÄDLINGE

Kleiner Frostspanner

(Operophtera brumata)

Symptome

- Im Frühjahr werden die Blätter von Laub- und Obstgehölzen schon kurz nach dem Austrieb von kleinen grünen Raupen angefressen, die sich buckelartig fortbewegen. Bei starkem Befall kann es zu Kahlfraß kommen.

Bekämpfung und Vorbeugung

- Auf den Einsatz von Pflanzenschutzmitteln sollte verzichtet werden. Im Herbst an Baumstämmen Leimringe dicht anliegend anbringen.

Gallmilben an Ahorn

(Eriophyes macrochelus und andere Arten)

Symptome

- An Blättern von Ahorn treten kugel- bis hörnchenförmige, grüne bis rötliche, wenige Millimeter große, zuweilen auch blasige Ausstülpungen (Gallen) auf, die durch unterschiedliche Gallmilbenarten verursacht werden. Es tritt kein Blattfall ein.

Bekämpfung und Vorbeugung

- Eine Bekämpfung, vor allem der Einsatz von Pflanzenschutzmitteln, ist nicht erforderlich.

Spindelbaumgespinstmotte

(Yponomeuta cagnagella)

Symptome

- Im Frühjahr sind Triebe von Pfaffenhütchen von Gespinsten eingehüllt, in denen gelbliche, schwarz gefleckte Raupen an den Blättern fressen. Kahlfraß ist möglich. Später treten weiße Kokons und weiße Falter mit schwarzen Punkten auf.

Bekämpfung und Vorbeugung

- Triebe mit Raupen und Gespinsten herausschneiden. Bekämpfung mit Pflanzenschutzmitteln wegen starker Gespinstbildung schwierig, aber auch selten erforderlich.

Deckelschildlaus an Efeu

(Diaspididae)

Symptome

- An Blättern befinden sich runde bis ovale, austernförmige, weißlichgelbbraune Schilde von Insekten. Befallene Blätter sterben teilweise ab. Honigtau und Schwärzepilze treten nicht auf.

Bekämpfung und Vorbeugung

- Bei schwachem Befall kranke Blätter abpflücken. Bei starkem Auftreten eventuell eine Behandlung mit einem Insektizid (Ölpräparat) durchführen.

Spindelbaumschildlaus

(Unaspis euonymi)

Symptome

- An Blättern und Trieben von Spindelstrauch sitzen längliche weiße (Männchen) und vereinzelt austernförmige braune Schilde (Weibchen) einer Deckelschildlaus. Bei starkem, mehrjährigem Befall können Gehölze mitunter absterben. Trocken-warme Witterung fördert das Auftreten.

Bekämpfung und Vorbeugung

- Befallene Triebe entfernen. Gegebenenfalls wiederholt ein Insektizid spritzen.

Kamelienwollschildlaus an Stechpalme

(Pulvinaria floccifera)

Symptome

- An Blattunterseiten treten längliche, bis 10 mm lange weiße, watteartige Schmierläuse mit kleinem, braunen Schild auf. Sie besaugen das Pflanzengewebe und scheiden klebrigen Honigtau aus, auf dem sich später schwarze Rußtaupilze ansiedeln können. Blätter werden z. T. stark verschmutzt.

Bekämpfung und Vorbeugung

- Gegebenenfalls eine Behandlung mit einem Insektizid durchführen.

SCHÄDLINGE

Ilexminierfliege

(Phytomyza ilicis)

Symptome

- An Blättern von Stechpalme entstehen durch Larvenfraß im Innern der Blätter geschlängelte minenartige, zuweilen auch flächige Fraßgänge („Platzminen"). Befallene Blätter fallen aber selten oder erst spät ab. Häufig auftretender Schädling.

Bekämpfung und Vorbeugung

- Befallene Blätter entfernen und vernichten. Auf den Einsatz eines Pflanzenschutzmittels kann verzichtet werden.

Schneeballblattkäfer

(Pyrrhalta viburni)

Symptome

- Blätter weisen im Frühjahr Löcher auf oder sind bis auf die Blattrippen skelettierartig abgefressen. Unter oder auf den Blättern sitzen gelbgrüne, schwarz gefleckte Larven. Die erwachsenen braunen Käfer treten im August auf, schädigen dann aber kaum noch.

Bekämpfung und Vorbeugung

- Auftretende Larven bei Bedarf mit einem Insektizid bekämpfen. Triebe mit Anschwellungen (Eigelege) im Winter herausschneiden.

Efeuspinnmilbe

(Bryobia kissophila)

Symptome

- Blätter von Efeu sind hell gesprenkelt, verblassen und sterben z. T. ab. An den Blättern saugen rote, relativ große Milben mit langen Vorderbeinen. Gespinste treten nicht auf.

Bekämpfung und Vorbeugung

- Befallene Blätter oder Triebe entfernen. Wiederholt mit einem Pflanzenschutzmittel behandeln. Efeu, der im Schatten wächst, wird kaum befallen.

Andromeda-Netzwanze an Lavendelheide

(Stephanitis takeyai)

Symptome

- An Blättern entstehen feine helle Sprenkel. Später werden Blätter gelb, verbräunen und sterben ab. Es kann Blattfall eintreten. Unter den Blättern saugen 3-3,5 mm große Insekten mit netzartigen Flügeln. Zusätzlich bleiben glänzend pechschwarze Kottröpfchen an Blattunterseiten zurück. Lavendelheide wird z. T. stark geschädigt und kann absterben. Auch Rhododendron wird befallen. Es handelt sich um einen aus Japan eingeschleppten Schädling, der sich mittlerweile stark bei uns ausgebreitet hat.

Bekämpfung und Vorbeugung

- Behandlung mit einem Insektizid durchführen. Dabei vor allem die Blattunterseiten gut benetzen. Lavendelheide, die nicht in der direkten Sonne, sondern im Halbschatten oder Schatten wächst, wird kaum befallen.

Wollige Napfschildlaus

(Pulvinaria regalis und andere Arten)

Symptome

- An Blättern, Ästen, Trieben und am Stamm von Gehölzen wie Ahorn, Linde, Rosskastanie, Magnolie und Hortensie sitzen weiße Larven sowie Weibchen mit braunem Schild und weißem Eisack. Sie besaugen das Pflanzengewebe. Es kann klebriger Honigtau zurückbleiben. Nennenswerte Pflanzenschäden entstehen kaum.

Bekämpfung und Vorbeugung

- Meist nicht erforderlich. Im Ausnahmefall ein Insektizid einsetzen.

SCHÄDLINGE

Birnbaumprachtkäfer an Weißdorn

(Agrilus sinuatus)

Symptome

- Weißdorn stirbt ab durch den Fraß von Käferlarven, die zickzackartige Gänge unter der Rinde anlegen. Am Stamm bleiben nach dem Ausschlüpfen der erwachsenen Käfer kleine querovale Löcher zurück. Befall tritt vor allem bei trocken-warmer Witterung auf.

Bekämpfung und Vorbeugung

- Befallene Bäume roden. Bäume bei andauernder Trockenheit wiederholt bewässern.

Eichensplintkäfer

(Scolytus intricatus)

Symptome

- Eichen, vor allem junge und frisch gepflanzte, sterben ab. Am Stamm und an dicken Ästen sind kleine runde Löcher zu finden. Dort kann es auch zu bräunlichem Saftfluss und Bohrmehlaustritt kommen. Im Splintholz befinden sich Fraßgänge.

Bekämpfung und Vorbeugung

- Eine direkte Bekämpfung ist nicht möglich. Befallene Bäume roden. Junge Eichen bei andauernder Trockenheit bewässern.

Großer und Kleiner Ulmensplintkäfer

(Scolytus scolytus, Scolytus multistriatus)

Symptome

- Ulmen sterben ab. An Stamm und Ästen kommen kleine runde Löcher vor. In oder unter der Rinde befinden sich Fraßgänge der Käfer und Larven. Die Käfer verbreiten zudem den Pilz *Ceratocystis ulmi*, der das Ulmensterben auslöst.

Bekämpfung und Vorbeugung

- Befallene Bäume roden und vernichten. Um einem Auftreten des Ulmensterbens vorzubeugen, widerstandsfähige Ulmen-Arten pflanzen.

Wühlmaus (Schermaus) an Kirschlorbeer

(Arvicola terrestris)

Symptome

- Obst- und Ziergehölze kümmern und sterben ab. Wurzeln sind abgenagt. Im Boden befinden sich tief liegende und flach unter der Erde verlaufende Gänge, aber keine offenen Löcher. Wühlmäuse schädigen auch Gemüse und Zierpflanzen.

Bekämpfung und Vorbeugung

- Fallen aufstellen. Fraßköder und Begasungsmittel (zur Vertreibung) sind kaum wirksam. Gehölze in Maschendrahtkorb pflanzen.

Hitzeschaden und Sonnenbrand an Ahorn

(Nichtparasitäre Schadursache)

Symptome

- In Sommern mit starker Sonneneinstrahlung und extremer Hitze können bei Pflanzen Blattverbrennungen auftreten. Besonders empfindlich sind Pflanzen, die eher schattige oder halbschattige Standorte bevorzugen.

Bekämpfung und Vorbeugung

- Falls möglich, für Beschattung sorgen oder Pflanzen an einen schattigen Platz umsetzen (Kübelpflanzen).

Blattrandnekrosen bei Kirschlorbeer

(Nichtparasitäre Schadursache)

Symptome

- Blattränder verfärben sich braun. Das Gewebe trennt sich später buchtenartig vom gesunden ab und wird abgestoßen. Tritt bei Verwendung von zu natriumhaltigem Gießwasser und vor allem bei Pflanzen in Kübeln auf. Starke Trockenheit fördert die Erscheinung.

Bekämpfung und Vorbeugung

- Natriumarmes Gießwasser verwenden. Bei Trockenheit regelmäßig bewässern.

BUCHSBAUM

Cylindrocladium-Triebsterben

(Cylindrocladium buxicola)

Symptome

- Bei feuchter Witterung bilden sich an jungen Buchsbaumblättern braune Flecken. Anschließend werden die Blätter braun und sterben ab. Es tritt massiver Blattfall ein. Bei hoher Luftfeuchte entwickelt sich an Blattunterseiten zusätzlich ein weißer Sporenbelag. An den Buchsbaumtrieben treten längliche schwarze Verfärbungen auf.

Bekämpfung und Vorbeugung

- Befallene Triebe bis ins gesunde Holz zurückschneiden. Anschließend Schnittwerkzeuge säubern und desinfizieren. Stark befallene Pflanzen komplett roden. Da der Pilz mit Dauersporen (Chlamydosporen) an Blättern im Boden überdauert, abgefallene Blätter frühzeitig einsammeln und über den Hausmüll entsorgen. Eventuell auch die obere Bodenschicht leicht abtragen. Vorbeugend ggf. wiederholt ein Fungizid spritzen.
- Weniger anfällige Sorten pflanzen. Besonders anfällig ist *Buxus sempervirens* 'Suffruticosa'. *Buxus sempervirens* 'Blauer Heinz', 'Handsworthiensis', 'Ingrid', 'Raket' und 'Rotundifolia' sind ebenfalls anfällig. *Buxus microphylla* 'Faulkner', 'Herrenhausen' und *Buxus sempervirens* var. *arborescens* gelten als robust.

Volutella-Triebsterben (Buchsbaumkrebs)

(Volutella buxi)

Symptome

- Buchsbaumblätter färben sich fahlgrün, werden braun und sterben ab. Eine Verwechslung mit den Symptomen des *Cylindrocladium*-Triebsterbens ist möglich. Ein Befall mit *Volutella* breitet sich aber weniger schnell aus und kranke Blätter fallen nicht sofort ab. Das beste Unterscheidungsmerkmal ist aber der Sporenbelag an der Blattunterseite: Er ist bei *Volutella buxi* lachsfarben, bei *Cylindrocladium buxicola* hingegen weiß gefärbt. Feuchte Witterung begünstigt den Befall.

Bekämpfung und Vorbeugung

- Kranke Triebe zurückschneiden und über den Hausmüll entsorgen. Sonnige und luftige Standorte, an denen Blätter nach Regen rasch wieder abtrocknen, bevorzugen.

Buchsbaumrost

(Puccinia buxi)

Symptome

- An Blättern entwickeln sich an der Ober- und Unterseite runde, dunkelbraune, pustelartige Flecken, die z. T. schlitzartig aufgerissen sind. Blätter sterben bei Befall später ab. Nicht wirtswechselnder Rostpilz, der nur selten auftritt.

Bekämpfung und Vorbeugung

- Befallene Triebe zurückschneiden und entsorgen. Bei Bedarf den Buchsbaum mit einem Fungizid behandeln.

BUCHSBAUM

Buchsbaumblattfloh

(Psylla buxi)

Symptome

- Im Frühjahr treten an Triebspitzen von Buchsbaum schon kurz nach dem Austrieb hellgrüne Larven auf. Sie besaugen die Blätter, wodurch diese sich löffelartig krümmen. Es bleiben weiße Wachsausscheidungen an den Triebspitzen zurück. Stärke Pflanzenschäden entstehen aber nicht.

Bekämpfung und Vorbeugung

- Befallene Triebspitzen zurückschneiden. Nur im Ausnahmefall ein Pflanzenschutzmittel einsetzen.

Gemeine Kommaschildlaus

(Lepidosaphes ulmi)

Symptome

- An den Trieben sitzen längliche, miesmuschelförmige braune Schildläuse. Durch das Ausscheiden von Honigtau und sich ansiedelnde schwarze Rußtaupilze verschmutzen die Blätter und Triebe.

Bekämpfung und Vorbeugung

- Bei leichtem Befall Schädlinge abkratzen. Notfalls befallene Triebe zurückschneiden oder eine Behandlung mit einem Insektizid durchführen.

Buchsbaumspinnmilbe

(Eurytetranychus buxi)

Symptome

- Ältere Buchsblätter sind hell gesprenkelt und aufgehellt. An den Blattunterseiten sitzen winzig kleine Milben. Trockenwarme Witterung begünstigt den Befall.

Bekämpfung und Vorbeugung

- Bei starkem Befall Triebe zurückschneiden. Im Ausnahmefall ein Pflanzenschutzmittel einsetzen. Schattige Standorte, wo seltener Befall auftritt, bevorzugen.

Buchsbaumzünsler

(Cydalima perspectalis)

Symptome

- Buchsbaumblätter sind angefressen und zusammengesponnen. In Gespinsten bleiben helle Kotkrümel zurück. An den Blättern fressen gelbgrüne, bis zu 5 cm lange Raupen mit schwarzen Streifen und schwarz-weißer Fleckung. Von den Raupen wird zudem auch die Rinde angenagt, wodurch Triebe absterben können. Ein Befall tritt zuerst im Pflanzeninnern auf.
- Der erwachsene Falter ist weiß gefärbt und hat leicht silbrig schimmernde, braun gesäumte Flügel. Manchmal findet man auch die Puppen. Die Überwinterung erfolgt als Raupe in einem Gespinst zwischen den Blättern, möglicherweise auch im Boden. Die linsenförmigen Eier werden später an die äußeren Blätter abgelegt. Es entwickeln sich 2-3 Generationen im Jahr.

Bekämpfung und Vorbeugung

- Auftretende Raupen absammeln und vernichten. Auch das Pflanzeninnere kontrollieren. Stark befallene Triebe notfalls zurückschneiden. Bei Bedarf Behandlung mit einem Pflanzenschutzmittel durchführen. Bei Spritzungen ausreichend Spritzflüssigkeit verwenden und auch das Pflanzeninnere behandeln. Vorbeugend den Buchsbaum regelmäßig auf Befall kontrollieren.

RHODODENDRON

Sonnenbrand

(Nichtparasitäre Schadursache)

Symptome

- Bei starker Sonneneinstrahlung und großer Hitze kann Rhododendron einen Sonnenbrand bekommen. Die nach oben gewölbten Blattpartien und später das gesamte Blatt färben sich dann braun und sterben ab.

Bekämpfung und Vorbeugung

- An vollsonnigen Standorten nur sonnenverträgliche Rhododendron pflanzen, z. B. Rhododendron-Yakushimanum-Hybriden.

Blattfall durch Trockenheit und Nährstoffmangel

(Nichtparasitäre Schadursache)

Symptome

- Ältere Blätter von Rhododendron färben sich gelblich-orange bis gelb und fallen ab. Schaden kann auch physiologisch bedingt sein.

Bekämpfung und Vorbeugung

- Rhododendron möglichst nicht in die volle Sonne, sondern besser in den Halbschatten pflanzen. Rhododendron, der in sandigem Boden wächst, bei längerer Trockenheit bewässern. Bei Nährstoffmangel eine bedarfsgerechte Düngung durchführen.

Knospensterben

(Pycnostysanus azaleae)

Symptome

- Rhododendron-Knospen färben sich im Winter braun und sterben ab. Später treten an ihnen kleine schwarze, stachelartige Pilzfruchtkörper auf. Die Infektion erfolgt im Herbst an neu angelegten Blütenknospen. Wunden, die zu dieser Zeit bei der Eiablage der Rhododendronzikade (siehe Seite 84) entstehen, begünstigen die Pilzinfektion.

Bekämpfung und Vorbeugung

- Kranke Knospen ausbrechen. Rhododendronzikade bekämpfen.

Blattfleckenkrankheit

(verschiedene Pilzarten)

Symptome

- Vornehmlich an den jüngeren Blättern zeigen sich runde, braune Flecken. Verursacht werden sie durch unterschiedliche Schadpilze. Nur bei extremem Befall sterben die Blätter ab. Feuchte Witterung begünstigt das Auftreten.

Bekämpfung und Vorbeugung

- Befallene Blätter entfernen oder kranke Triebe zurückschneiden. Windoffene, luftige Standorte wählen.

Phytophthora-Triebsterben

(Phytophthora-Arten)

Symptome

- Triebe welken und sterben ab. Die Rinde ist dunkel verfärbt. Falls eine Fäulnis an Wurzeln oder Stammgrund vorliegt, stirbt die ganze Pflanze ab.

Bekämpfung und Vorbeugung

- Bei Triebspitzenbefall kranke Triebe bis ins gesunde Holz zurückschneiden. Pflanzen mit Wurzel- und Stammgrundfäule roden. Standorte mit Staunässe meiden. Vor der Pflanzung eine Bodenlockerung durchführen.

Echter Mehltau an Azalee

(Erysiphe azaleae)

Symptome

- An jüngeren Blättern entwickelt sich an der Ober- und Unterseite ein mehlig-weißer Sporenbelag. Kranke Blätter sterben später z. T. ab. Der Pilz befällt sommergrüne, laubabwerfende Azaleen, aber keine immergrünen Rhododendron.

Bekämpfung und Vorbeugung

- Befallene Blätter entfernen oder Triebe zurückschneiden. Vorbeugend ein Fungizid einsetzen.

Rhododendronzikade

(Graphocephala fennahi)

Symptome

- Ab Juni treten an Rhododendron zuerst gelblich-weiße Larven auf. Bis Juli entwickeln sie sich zu erwachsenen, 8-9,5 mm langen, grün gefärbten Zikaden mit roten Streifen auf den Flügeln. Die Rhododendronzikade lebt vor allem an den Blattunterseiten. Sie ist sehr scheu und springt bei Beunruhigung sofort davon.
- Im Herbst erfolgt die Eiablage der Weibchen, die hierzu die neuen Rhododendron-Herbstknospen aufsuchen. Bei der Eiablage, die unter die Knospenschuppen erfolgt, entstehen an den Knospen kleine Wunden, die dem Erreger des Knospensterbens (Pilzkrankheit) später als Eintrittspforte dienen.

Bekämpfung und Vorbeugung

- Um ein Auftreten des Knospensterbens zu verhindern, ist es sinnvoll, die Rhododendronzikaden zu bekämpfen. Spritzbehandlungen mit Insektiziden möglichst in den frühen Morgenstunden durchführen, wenn die scheuen Zikaden noch nicht voll aktiv sind: Sie lassen sich dann besser erfassen. Ein Teil der Rhododendronzikaden kann auch mit Hilfe von Gelbtafeln abgefangen werden, die man hierzu in die Rhododendronbüsche hängt.

Rhododendron-netzwanzen

(Stephanitis-Arten)

Symptome

- An Blättern entstehen feine helle Sprenkel, wodurch sie insgesamt aufgehellt sind. Blätter sterben aber selten ab. Blattunterseits sind 3-4 mm große Insekten mit netzartigen Flügeln und glänzend pechschwarze Kottröpfchen zu finden.

Bekämpfung und Vorbeugung

- Behandlung mit einem Insektizid durchführen. Dabei vor allem die Blattunterseiten gut benetzen. An schattigen Standorten tritt kaum Befall auf.

Gefurchter Dickmaulrüssler

(Otiorhynchus sulcatus)

Symptome

- Die Blätter sind am Rand durch nachtaktive schwarze Käfer buchtenartig angefressen. Im Boden lebende Larven, die cremefarben bis weißlich gefärbt sind und eine hellbraune Kopfkapsel haben, fressen an den Wurzeln. Bei starkem Befall welken befallene Pflanzen und sterben ab.

Bekämpfung und Vorbeugung

- Die Bekämpfung der erwachsenen, nachtaktiven Käfer ist schwierig. Käfer nach Möglichkeit absammeln. Eventuell Unterschlupfmöglichkeiten anbieten, unter denen sie sich verstecken und dann gezielt abgesucht werden können. Leichter ist die Bekämpfung der Larven: Gegen sie setzt man insektenpathogene Nematoden ein, die hierzu in Wasser gegeben und anschließend mit der Gießkanne ausgebracht werden.

ROSEN
DIE
12
SCHNELLSTEN
ANTWORTEN

KRANKHEITEN & SCHÄDLINGE AN ROSEN

ROSEN GEHÖREN ZU DEN SCHÖNSTEN UND EDELSTEN BLUMEN IM GARTEN. LEIDER SIND SIE ABER NICHT NUR SCHÖN, SONDERN AUCH ANSPRUCHSVOLL UND VIELE ALTE SORTEN SEHR EMPFINDLICH. VOR ALLEM PILZKRANKHEITEN WIE MEHLTAU, ROST UND STERNRUSSTAU BEREITEN IHNEN PROBLEME.

EINFLUSS DER WITTERUNG

In feuchten Jahren, in denen Pilzkrankheiten besonders stark auftreten, können sie dann schon im August weitgehend blattlos mit kahlen Stängeln dastehen. Unempfindlicher sind mittlerweile aber die neueren Sorten, da sie konsequent auf Blattgesundheit und Robustheit gezüchtet wurden: Für den Hausgarten sind sie daher besonders zu empfehlen. Auf den Einsatz von Pflanzenschutzmitteln kann man bei ihnen weitgehend verzichten.

MODERNE SORTEN MÜSSEN NICHT GESPRITZT WERDEN

Pflanzen Sie möglichst robuste, widerstandsfähige Rosen-Sorten (ADR-Rosen). Der Standort für Rosen sollte möglichst sonnig sein: Dies beugt Pilzkrankheiten ebenfalls vor. Und bewässern Sie Rosen nicht über die Blätter, vor allem nicht in den Abendstunden, dann haben Pilzkrankheiten kaum eine Chance. Blätter, die doch befallen werden, entfernt man frühzeitig und entsorgt sie.

BEI EMPFINDLICHEN SORTEN HELFEN NUR FUNGIZIDE

Falls trotz aller Vorsorge dennoch Schadpilze auftreten, können Sie notfalls auch ein Pflanzenschutzmittel einsetzen. Sie müssen dann allerdings bereits vorbeugend mit den Behandlungen beginnen und nicht erst, wenn die Blätter schon erkrankt sind. Sonst ist es bereits zu spät. Anders sieht es bei den Schädlingen aus. Gegen sie geht man erst vor, wenn der Befall schon vorliegt.

KRANKHEITEN

Echter Mehltau der Rose

(Sphaerotheca pannosa var. *rosae)*

Symptome

- An Blättern, Knospen und Trieben tritt ein mehlig-weißer Pilzbelag auf. Befallene Blätter wölben sich, rollen sich leicht ein und verkümmern. Feucht-warme Witterung fördert den Befall.

Bekämpfung und Vorbeugung

- Befallene Triebspitzen leicht zurückschneiden. Ab Beginn des Austriebs wiederholt ein Fungizid einsetzen. Widerstandsfähige Sorten (ADR-Rosen) pflanzen. Nicht zu viel Stickstoff düngen.

Rosenrost

(Phragmidium mucronatum)

Symptome

- An den Blättern treten gelb-orange Flecken an der Oberseite und zunächst orangefarbene, später braunschwarze Pusteln blattunterseits auf. Stark befallene Blätter fallen vorzeitig ab.

Bekämpfung und Vorbeugung

- Kranke Blätter abpflücken und abgefallene einsammeln. Wiederholt mit einem Fungizid behandeln. Widerstandsfähige Sorte (ADR-Rose) pflanzen.

Sternrußtau

(Diplocarpon rosae)

Symptome

- An älteren Blättern bilden sich unregelmäßige violettschwarze, strahlig gefranste Flecken. Blätter werden sehr schnell gelb und fallen ab. Der Pilz breitet sich bei feucht-kühler Witterung aus.

Bekämpfung und Vorbeugung

- Abgefallene Blätter einsammeln. Ab Austrieb wiederholt ein Fungizid einsetzen. Widerstandsfähige Sorten (ADR-Rosen) pflanzen. Ein Bewässern über die Blätter vermeiden.

ROSEN SCHÄDLINGE

Regenschäden (Grauschimmelfäule)

(Botrytis cinerea)

Symptome

- Bei regnerischem Wetter zeigen sich an Rosenblüten sprenkelartig verteilte, pockenartige kleine, dunkle Flecken. Teilweise bildet sich ein mausgrauer Pilzrasen. Vor allem stark gefüllte Blüten faulen.

Bekämpfung und Vorbeugung

- Kranke Blüten oder Triebe zurückschneiden. Sonnige Standorte, an denen Rosen schneller abtrocknen, bevorzugen. Unempfindliche Sorte wählen. Kaliumbetont düngen.

Große Rosenblattlaus

(Macrosiphum rosae)

Symptome

- An Triebspitzen, Knospen und jungen Blättern sitzen grüne bis rötlich-grüne Blattläuse. Die Blätter kräuseln sich und Triebspitzen verkümmern. Es bleiben klebriger Honigtau und z. T. schwarze Rußtaupilze zurück.

Bekämpfung und Vorbeugung

- Blattläuse mit kräftigem Wasserstrahl von den Triebspitzen abspritzen. Insektizid einsetzen. Lavendel, der eine vertreibende Wirkung hat, zwischen die Rosen pflanzen.

Rosenzikade

(Edwardsiana rosae)

Symptome

- Blätter sind weißlich gesprenkelt. Unter den Blättern sitzen 3 mm große, hellgelbe Zikaden, die bei Beunruhigung davon springen. Befall tritt vor allem bei heißem, trockenem Wetter in vollsonniger Lage auf.

Bekämpfung und Vorbeugung

- Insektizid einsetzen. Dabei vor allem die Blattunterseiten gut benetzen. Nach Süden ausgerichtete Standorte vor einer hellen Wand meiden.

SCHÄDLINGE

Spinnmilben an Rose

(Tetranychus urticae)

Symptome
- Blätter sind weißlich gesprenkelt und färben sich gelb bis bronzefarben. Später kommt es zu Blattfall. Der Schädling tritt bei heißem, trockenem Sommerwetter in vollsonniger Lage auf.

Bekämpfung und Vorbeugung
- Behandlung mit einem Pflanzenschutzmittel durchführen. Dabei Blattunterseiten gut benetzen. Nach Süden ausgerichtete Standorte vor einer hellen Wand meiden.

Rosenblattrollwespe

(Blennocampa pusilla)

Symptome
- Die Rosenblattrollwespe legt ihre Eier an den Blattrand der Rosenblätter ab. Anschließend rollen sich diese röhrenförmig nach unten ein. Sie hängen herab und verkümmern. Im Innern lebt eine kleine, zunächst weißliche, später hellgrün gefärbte Wespenlarve.

Bekämpfung und Vorbeugung
- Befallene Blätter abpflücken, bevor Larven in den Boden abwandern.

Rosentriebbohrer

(Ardis brunniventris, Cladardis elongatula)

Symptome
- Rosentriebe welken und sterben ab. An den Trieben ist z. T. ein Bohrloch zu finden, bei dem es sich um das Ausbohrloch der Rosentriebbohrerlarve handelt. Die Rosentriebbohrerlarve frisst im Innern das Mark auf und verursacht hierdurch das Absterben der Triebe.

Bekämpfung und Vorbeugung
- Befallene Triebe bis ins gesunde Holz zurückschneiden.

Schwarze Rosenblatt-wespe

(Endelomyia aethiops)

Symptome

- Nacktschneckenähnliche, gelb-lich-grüne, bis zu 1 cm lange Blattwespenlarven fressen an der Blattober- und -unterseite der Rosenblätter und verur-sachen einen so genannten Fensterfraß.

Bekämpfung und Vorbeugung

- Blattwespenlarven und befal-lene Blätter abpflücken und vernichten. Gegebenenfalls eine Behandlung mit einem Insekti-zid durchführen.

Kleiner und Großer Frostspanner

(Operophtera brumata, Erannis defoliaria)

Symptome

- Im Frühjahr werden die Blätter durch grüne oder braune Raupen angefressen, die sich buckelartig fortbewegen. Teilweise sind sie leicht zusammengesponnen.

Bekämpfung und Vorbeugung

- Vorhandene Raupen oder befalle-ne Blätter frühzeitig absammeln. Bei starkem Befall notfalls im Frühjahr ab Auftreten der ersten Raupen eine Behandlung mit einem Insektizid durchführen.

Gemeine Rosen-gallwespe

(Diplolepis rosae)

Symptome

- An Rosentrieben treten große runde, stark zergliederte, behaarte, grüne, gelbe oder rote Gallen auf. Im Innern der Gallen leben kleine weiße Wespenlarven. Befallen werden vor allem Wildrosen. Ein nennenswerter Pflanzenschaden entsteht nicht.

Bekämpfung und Vorbeugung

- Triebe mit Gallen bei Bedarf bis ins gesunde Holz zurückschneiden.

NADELGEHÖLZE

DIE 12 SCHNELLSTEN ANTWORTEN

KRANKHEITEN & SCHÄDLINGE AN NADELGEHÖLZEN

DIE MEISTEN NADELGEHÖLZE SIND ROBUST. TRETEN KRANKHEITEN UND SCHÄDLINGE ABER DOCH AUF, BLEIBT DER SCHADEN MEIST FÜR LANGE ZEIT ERHALTEN: DENN NADELN WERDEN NICHT IN JEDEM JAHR ABGEWORFEN. EIN ZUNEHMENDES PROBLEM IST SEIT EINIGEN JAHREN DAS IMMER HÄUFIGERE BRAUNWERDEN UND ABSTERBEN DER IMMERGRÜNEN HECKENGEHÖLZE, INSBESONDERE VON LEBENSBAUM UND SCHEINZYPRESSE.

URSACHEN

Die Ursache ist vielgestaltig und oft nur schwer festzustellen: Eine genaue Untersuchung ist empfehlenswert. Unter den Schädlingen bereitet z. B. die an Fichten auftretende Fichtenröhrenlaus Probleme. Saugschäden, die durch sie entstehen, können zu einem vollständigen Nadelverlust führen.

RICHTIGER STANDORT UND GUTE PFLEGE

Da Nadelgehölze dauerhaft am gleichen Standort stehen, ist es besonders wichtig, sie bereits bei der Pflanzung in einen guten, wasserdurchlässigen Boden zu setzen. Fehler, die hier gemacht werden, lassen sich später kaum mehr korrigieren. Aber nicht nur durch zu viel Wasser, sondern auch durch andauernde Trockenheit können Schäden entstehen. Selbst im Winter kann es bei immergrünen Nadelgehölzen deshalb erforderlich sein, sie zu bewässern, um Schäden durch Frosttrocknis zu verhindern.

AUF GUTE NACHBARSCHAFT

Einige Nadelgehölze sind Hauptwirte für Pilzkrankheiten: Wacholderrost etwa wechselt im Frühjahr auf die Birne über und verursacht den Birnengitterrost, Weymouthskiefernblasenrost löst den Johannisbeersäulenrost an der Schwarzen Johannisbeere aus. Meiden Sie bei diesen Gehölzen deshalb besser die enge Nachbarschaft.

EIBE

Triebsterben durch Dickmaulrüssler

(Otiorhynchus sulcatus)

Symptome

- Die Triebspitzen von Eiben werden braun und sterben ab. Die Rinde unterhalb der Befallsstelle ist durch Käfer bis auf den Holzkörper abgenagt.

Bekämpfung und Vorbeugung

- Dickmaulrüssler sind nachtaktive, selten anzutreffende Käfer. Falls möglich, Käfer absammeln. Im Boden lebende Larven, die an den Wurzeln fressen, mit nützlichen Nematoden bekämpfen.

Eibennapfschildlaus

(Parthenolecanium pomeranicum)

Symptome

- An Nadeln und Trieben sitzen braune, gewölbte Schildläuse. Sie besaugen das Pflanzengewebe und scheiden große Mengen an klebrigem Honigtau aus. Durch Rußtaupilze, die sich ansiedeln, kommt es zu starken Verschmutzungen. Ein Absterben und Abfallen der Nadeln ist möglich.

Bekämpfung und Vorbeugung

- Ab Austrieb mehrmals eine Behandlung mit einem Ölpräparat durchführen.

Rußtaupilze (Schwärzepilze) an Eibe

(verschiedene Pilzarten)

Symptome

- Schwarzer, abwischbarer Belag auf Eibennadeln, der sich auf den Honigtauausscheidungen von saugenden Insekten, insbesondere Napfschildläusen, ansiedelt. Die Fotosynthese der Pflanze wird beeinträchtigt und der Zierwert gemindert.

Bekämpfung und Vorbeugung

- Napfschildläuse, die meist für das Auftreten von Rußtaupilzen verantwortlich sind, mit einem Insektizid bekämpfen.

NADELGEHÖLZE # FICHTE

Fichtennadelrost

(Chrysomyxa abietis)

Symptome

- An einjährigen Nadeln treten hellgelbe, später dunkel gefärbte Bänderungen auf. An den Nadelunterseiten entstehen längliche, leicht erhabene, gelborange bis orangerote Pilzsporenlager. Bei starkem Befall sterben die Nadeln ab. Tritt vor allem bei feucht-kühler Witterung auf. Kein Wirtswechsel.

Bekämpfung und Vorbeugung

- Fungizidbehandlungen ab Beginn des Austriebs durchführen.

Fichtengallenläuse

(Adelges- und Sacchiphantes-Arten)

Symptome

- An Triebende oder Triebbasis von Fichte treten haselnussgroße, ananasförmige, grüne oder gelbliche, später verholzende Gallen auf. Sie werden durch unterschiedliche Fichtengallenlausarten verursacht. Das Triebwachstum ist vermindert. Einige Arten vollziehen einen Wirtswechsel mit Lärche oder Douglasie.

Bekämpfung und Vorbeugung

- Triebe mit Gallen herausschneiden.

Fichtenröhrenlaus

(Elatobium abietinum)

Symptome

- Vor allem an den älteren Fichtennadeln im Bauminnern saugen grüne Blattläuse. Die Nadeln bekommen gelbe Flecken, werden braun und fallen ab. Der Befall tritt besonders an Blau-, Omorika-, Rot- und Sitkafichte auf.

Bekämpfung und Vorbeugung

- Zur Befallsfeststellung innere Zweige über einer hellen Unterlage abklopfen. Bei Bedarf mit einem Insektizid behandeln.

KIEFER

Weymouthskiefern-blasenrost

(Cronartium ribicola)

Symptome

- Im Frühjahr treten an Ästen hellgelbe, blasige Sporenlager auf, die gelbe Sporen ausstäuben. Der Pilz wechselt dann zu Johannisbeeren über, wo Johannisbeersäulenrost entsteht (siehe Seite 47). Die Rinde befallener Kiefern ist rissig. Harz tritt aus. Befallene Äste können absterben.

Bekämpfung und Vorbeugung

- Kranke Äste entfernen. Keine Johannisbeeren in unmittelbarer Nähe dulden.

Kiefernbuschhorn-blattwespen

(Diprionidae)

Symptome

- An den Triebenden von Kiefern sind die Nadeln durch gesellig lebende, bis 2,5 cm lange, blauschwarze bis grünlich-graue Blattwespenlarven mit schwarzem Kopf abgefressen. Kahlfraß ist möglich. Mehrere Arten mit meist zwei Generationen.

Bekämpfung und Vorbeugung

- Schädling tritt nur selten auf. Gegebenenfalls Larven absammeln oder Insektizid gegen beißende Insekten einsetzen.

Weymouthskiefern-wolllaus

(Pineus strobi)

Symptome

- Die Äste und der Stamm von Weymouthskiefer sind mit weißer Wachswolle bedeckt, die von wachsausscheidenden Wollläusen stammt. Sie saugen an den Nadeln, wodurch im Extremfall Nadelfall eintreten kann. Meist halten sich die Schäden aber in Grenzen.

Bekämpfung und Vorbeugung

- Wollläuse mit einem kräftigen Wasserstrahl von Ästen und Stamm abspritzen.

NADELGEHÖLZE VERSCHIEDENE ARTEN

Wacholderrost

(Gymnosporangium sabinae)

Symptome

- An Zweigen von Wacholder treten im Frühjahr dunkelbraune, warzenähnliche Erhebungen auf, die zu gelbbraunen, zungenförmigen Sporenlagern heranwachsen. Sie setzen Sporen frei, die an Birnen Birnengitterrost auslösen (siehe Seite 36). Wacholder stirbt nicht ab. Besonders anfällig sind Chinesischer Wacholder und Sadebaum.

Bekämpfung und Vorbeugung

- Befallene Zweige zurückschneiden. Stark befallene Wacholder ggf. roden.

Phytophthora-Wurzel- und Stammgrundfäule

(Phytophthora cinnamomi)

Symptome

- Eibe, Lebensbaum und Scheinzypresse färben sich fahlgrün, werden braun und sterben ab. Die Wurzeln und die Rinde am Stammgrund sind beim Anschneiden im Innern braun verfärbt.

Bekämpfung und Vorbeugung

- Eine direkte Bekämpfung ist nicht möglich. Abgestorbene Gehölze mit Wurzeln roden. Standorte mit verdichteten, zur Vernässung neigenden Böden meiden. Vor einer Neupflanzung den Boden austauschen.

Borkenkäferbefall an Scheinzypresse

(Phloeosinus-Arten)

Symptome

- Larven von Borkenkäfern fressen unter der Rinde, wodurch Gehölze absterben. An Stamm und Trieben bleiben kleine Ausbohrlöcher der Käfer zurück. Es kommt zu Harzfluss und Bohrmehlaustritt. Trockenstress begünstigt den Befall. Tritt auch an Lebensbaum und Wacholder auf.

Bekämpfung und Vorbeugung

- Befallene Triebe und Äste herausschneiden. Stark befallene Gehölze roden. Vorbeugend bei Trockenheit bewässern.

VERSCHIEDENE SCHÄDLINGE

Deckelschildlaus an Wacholder

(Carulaspis juniperi)

Symptome

- An Nadeln, Trieben und Beeren von Wacholder sitzen kleine weiße, austernförmige Deckelschildläuse. Vergilben und Absterben der Nadeln sind möglich. Meist halten sich die Schäden aber in Grenzen. Es tritt kein Honigtau auf. Befallen werden auch andere Zypressengewächse.

Bekämpfung und Vorbeugung

- Im Bedarfsfall eine Bekämpfung mit einem Insektizid durchführen.

Napfschildlaus an Koreatanne

(Coccidae)

Symptome

- An Zweigen sitzen braune, halbkugelige Napfschildläuse. Sie besaugen die Nadeln, wodurch diese z. T. vergilben und absterben. Es bleiben Honigtau und sich ansiedelnde schwarze Rußtaupilze zurück.

Bekämpfung und Vorbeugung

- Behandlung mit einem Ölpräparat oder systemischen Insektizid gegen saugende Insekten durchführen.

Nadelholzspinnmilbe an Zuckerhutfichte

(Oligonychus ununguis)

Symptome

- Die Nadeln von Zuckerhutfichte werden braun und sterben ab. Es bleiben feine Gespinste zurück. Bei starkem Befall Absterben der Gehölze möglich. Trocken-warme Sommerwitterung fördert den Befall.

Bekämpfung und Vorbeugung

- Behandlung mit einem Pflanzenschutzmittel durchführen. Sonnenexponierte Standorte, die sich stark erwärmen, zur Anpflanzung meiden.

ABIOTISCHE SCHÄDEN

Wurzelfäule bei Lebensbaum

(Pythium- und Phytophthora-Arten)

Symptome

- Lebensbäume werden braun und sterben ab. Wurzeln sind braun verfärbt und faulig. Ein Befall mit bodenbürtigen Schadpilzen ist die Ursache. Verwechslung mit anderen Schadursachen wie Trocken- oder Versalzungsschaden möglich.

Bekämpfung und Vorbeugung

- Gehölze mit Wurzeln roden. Vor einer Neupflanzung den Boden austauschen und Untergrund lockern. Verdichtete, staunasse Böden für eine Anpflanzung meiden.

Trockenschaden an Lebensbaum

(Nichtparasitäre Schadursache)

Symptome

- Lebensbäume werden von innen her braun. Die Erscheinung tritt vor allem im Sommer bei anhaltender Trockenheit auf. Verwechslung mit anderen Schadursachen wie Wurzelfäule oder Versalzungsschaden möglich.

Bekämpfung und Vorbeugung

- Lebensbäume, die frisch gepflanzt und noch nicht angewachsen sind, bei längerer Trockenheit regelmäßig bewässern. Den Boden vor der Anpflanzung lockern und ggf. aufbereiten.

Trockenschaden, Putzen bei Eibe

(Nichtparasitäre Schadursache)

Symptome

- Die älteren Nadeln im Innern der Eibe werden gelb und fallen ab. Zumeist eine natürliche, physiologische Erscheinung, bei der die älteren Nadeln abgeworfen werden („Putzen"). Anhaltende Trockenheit verstärkt die Gelbfärbung und den Nadelfall zusätzlich.

Bekämpfung und Vorbeugung

- Gehölze bei Nadelfall, der durch Trockenheit ausgelöst wird, regelmäßig bewässern.

SOMMER-BLUMEN & STAUDEN

KRANKHEITEN UND SCHÄDLINGE AN SOMMERBLUMEN & STAUDEN

SOMMERBLUMEN UND STAUDEN SIND EINE UNVERZICHTBARE ZIERDE AUF BALKON UND TERRASSE SOWIE IM BLUMENBEET. DIE VIELFALT IST GROSS UND ERMÖGLICHT FAST DIE GANZE SAISON ÜBER EINE ÜPPIGE BLÜTENFÜLLE. DOCH MANCHMAL KRÄNKELN DIE PFLANZEN. MEIST IST EIN BEFALL MIT PILZKRANKHEITEN DIE URSACHE.

Vor allem der Echte Mehltau tritt sehr häufig auf: Er zeigt sich vermehrt bei trocken-warmer Sommerwitterung und wird daher auch als "Schönwetterpilz" bezeichnet. Feuchte Witterung hingegen fördert eher Krankheiten wie Blattfleckenpilze, Falschen Mehltau oder die Grauschimmelfäule an Blüten.

STAUDEN OHNE MEHLTAU

Bei Stauden, vor allem an Phlox, Rittersporn und Indianernessel, ist der Echte Mehltau das Hauptproblem. Falls Sie keine robuste Sorte gepflanzt haben, kann es erforderlich sein, die Pflanzen regelmäßig mit einem Pilzbekämpfungsmittel zu behandeln, um Befall zu verhindern. Ob die Bekämpfung anderer Krankheiten und Schädlinge bei Sommerblumen und Stauden lohnt, ist im Einzelfall abzuwägen.

ABPFLÜCKEN UND ABSAMMELN REICHT MEIST AUS

Das Abpflücken der erkrankten Blätter bzw. das Zurückschneiden der kranken Triebe ist bei Sommerblumen und Stauden die wichtigste Gegenmaßnahme. Faulende Blüten durch Grauschimmel-Befall in Beet sowie auf Balkon und Terrasse putzt man ebenfalls regelmäßig aus. Auch gegen Schädlinge ist das Absammeln einfach und effektiv zugleich, beispielsweise gegen Lilienhähnchen, Raupen oder Schnecken.

KRANKHEITEN

Bakterien-Schwarzfleckenkrankheit an Rittersporn

(Pseudomonas syringae pv. *delphinii)*

Symptome

- An Blättern treten schwarze Flecken auf, die meist durch die Blattadern begrenzt sind. Auch an Stängeln und Blütenständen vorkommend. Die Bakterienkrankheit wird durch regnerische Witterung gefördert.

Bekämpfung und Vorbeugung

- Befallene Blätter entfernen und vernichten. Sonnigen Standort wählen, an dem Pflanzen nach Regen rasch wieder abtrocknen.

Botrytis-Knospen-, Blatt- und Stängelfäule der Pfingstrose

(Botrytis paeoniae)

Symptome

- Triebe sterben schon kurz nach dem Austrieb durch Fäulnis am Stängelgrund ab. Fäulnis kommt auch an Blütenknospen, Blüten und Stängeln vor, wo später ein mausgrauer Pilzrasen entsteht. Die Krankheit tritt nur bei feuchter Witterung auf.

Bekämpfung und Vorbeugung

- Befallene Pflanzenteile herausschneiden und entsorgen. Sonnige, windoffene Standorte wählen.

Septoria-Blattfleckenkrankheit an Sonnenblume

(Septoria helianthi)

Symptome

- An unteren Blättern entstehen runde bis eckige, braune Flecken. Später sterben die Blätter ab. Die Pilzkrankheit wird durch feuchte Witterung gefördert.

Bekämpfung und Vorbeugung

- Kranke Blätter entfernen. Notfalls vorbeugend ein Fungizid spritzen. Sonnigen, luftigen Standort wählen, an dem Pflanzen nach Regenfällen rasch wieder abtrocknen.

Malvenrost an Stockrose

(Puccinia malvacearum)

Symptome

- An älteren Blättern bilden sich eingesunkene, gelborange Flecken und blattunterseits weißlich-gelbe, später braune, warzige Rostpusteln. Befall tritt schon kurz nach dem Austrieb auf. Befallene Blätter sterben später ab.

Bekämpfung und Vorbeugung

- Ab Austrieb, spätestens ab Befallsbeginn, wiederholt mit einem Fungizid behandeln. Weniger anfällige Malvenart wählen, z. B. *Alcea rugosa.*

Weißer Chrysanthemenrost (Weißrost)

(Puccinia horiana)

Symptome

- Runde, hellgelbe Flecken auf der Blattoberseite und weiße, wachsartige, zuweilen leicht rosafarbene Pocken blattunterseits. Später färben sich die Flecken braun. Die Krankheit tritt bei feuchter Witterung auf.

Bekämpfung und Vorbeugung

- Kranke Blätter entfernen. Pflanzen möglichst nicht von oben bewässern. Windoffene Lage bevorzugen. Vorbeugend wiederholt ein Fungizid spritzen.

Echter Mehltau an Phlox

(*Sphaerotheca fusca* und andere Arten)

Symptome

- An Blättern entstehen einzelne weiße Flecken, bis sie später z. T. komplett von einem weißen, mehligen Belag bedeckt sind. Blätter verkümmern und sterben ab. Echter Mehltau befällt auch Rittersporn, Indianernessel und Aster.

Bekämpfung und Vorbeugung

- Kranke Blätter entfernen oder befallene Triebe zurückschneiden. Vorbeugend mehrmals mit einem Fungizid behandeln. Weniger anfällige Sorte wählen.

SCHÄDLINGE

Falscher Mehltau an Sonnenblume

(Plasmopara halstedii)

Symptome

- An oberen Blättern entlang der Blattadern treten hellgrüne Verfärbungen auf. Blattunterseits kommt ein weißer Sporenbelag vor. Die Krankheit tritt bei feuchter Witterung auf.

Bekämpfung und Vorbeugung

- Kranke Blätter oder Triebe entfernen. Luftigen Standort wählen. Möglichst nicht von oben bewässern. Da der Pilz im Boden überdauern kann, regelmäßig den Standort wechseln.

Ringfleckenkrankheit der Pfingstrose

(Peony ringspot virus)

Symptome

- An Blättern treten unscharf begrenzte Flecken- und Linienmuster oder ringförmige gelbe Marmorierungen auf. Das Wachstum ist z. T. gehemmt. Der Blütenansatz kann vermindert sein. Blüten bleiben klein. Die Krankheit wird durch ein Virus verursacht.

Bekämpfung und Vorbeugung

- Kranke Pflanzen entfernen und über den Hausmüll entsorgen. Nicht weitervermehren.

Akeleiblattwespe

(Pristiphora alnivora)

Symptome

- Bis 1 cm lange, gelbgrüne Larven einer Blattwespe (Afterraupe) befressen die Blätter vom Rand her. Es kann zu Kahlfraß kommen. Die Blattwespe entwickelt mehrere Generationen im Jahr.

Bekämpfung und Vorbeugung

- Blattwespenlarven absammeln oder befallene Blätter entfernen und vernichten.

Akeleiminierfliege

(Phytomyza minuscula)

Symptome

- An Akeleiblättern entstehen weiße geschlängelte, gewundene Miniergänge durch Fraß von winzigen Fliegenlarven im Blattinnern. Es treten mehrere Generationen im Jahr auf.

Bekämpfung und Vorbeugung

- Kranke Blätter frühzeitig abpflücken und vernichten. Eine direkte Bekämpfung durch den Einsatz eines Pflanzenschutzmittels ist nicht erforderlich.

Malvenflohkäfer

(Podagrica fuscicornis)

Symptome

- An Malven vorkommender Käfer aus der Familie der Erdflöhe, der die Blätter siebartig durchlöchert und skelettiert. Der Käfer ist 3-5 mm groß und hat dunkelblaue Flügeldecken. Kopf und Halsschild sind bräunlich gefärbt. Der Schädling tritt vermehrt bei trocken-warmer Witterung auf.

Bekämpfung und Vorbeugung

- Auftretende Käfer absammeln und vernichten.

Gefurchter Dickmaulrüssler an Christrose

(Otiorhynchus sulcatus)

Symptome

- Blätter und Blüten sind am Rand durch nachtaktive, schwarze Käfer buchtenartig angefressen. Larven leben im Boden und fressen an den Wurzeln, wodurch Pflanzen welken und später z. T. absterben.

Bekämpfung und Vorbeugung

- Erwachsene Käfer, die versteckt leben und selten angetroffen werden, möglichst absammeln. Im Boden lebende Larven mit nützlichen Nematoden bekämpfen.

SCHÄDLINGE

Lilienhähnchen

(Lilioceris lilii)

Symptome

- An Kaiserkronen und Lilien auftretende glänzend rote Käfer mit schwarzen Beinen und schwarzem Kopf, die an Blättern und Blüten fressen. Mit schleimigem Kot bedeckte Larven schädigen ebenfalls.

Bekämpfung und Vorbeugung

- Auftretende Käfer absammeln. Blätter mit Larven und rotbraunen Eiern abpflücken und vernichten. Gegebenenfalls ein Insektizid spritzen.

Blattälchen an Anemone

(Aphelenchoides fragariae, Aphelenchoides ritzemabosi)

Symptome

- An Blättern eckige gelbe bis braune Flecken, die durch die Adern begrenzt sind. Bei starkem Befall sterben die Blätter ab. Der Schaden entsteht durch Älchen, die im Blattinnern leben. Sie verbreiten sich über feuchte Blätter und dringen von außen in diese ein.

Bekämpfung und Vorbeugung

- Befallene Pflanzen entfernen und über den Hausmüll entsorgen. Nicht kompostieren.

Stock- und Stängelälchen an Phlox

(Ditylenchus dipsaci)

Symptome

- Die Blätter sind verschmälert und deformiert. Triebe wirken gedrungen und sind verdickt. Das Wachstum ist gehemmt (Stockkrankheit). Die Blüte ist vermindert. Die Älchen verbreiten sich über feuchte Blätter und Stängel und dringen in diese ein.

Bekämpfung und Vorbeugung

- Befallene Pflanzen entfernen und über den Hausmüll entsorgen. Nicht kompostieren.

Bambusspinnmilben

(Schizotetranychus-Arten)

Symptome

- An Bambusblättern treten runde bis ovale, meist perlschnurartig angeordnete gelbe bis gelbbraune Flecken auf. Blattunterseits kommt ein feines Gespinst vor. Absterben der Blätter möglich. Speziell an Bambus auftretende Spinnmilbenarten.

Bekämpfung und Vorbeugung

- Kranke Blätter entfernen oder befallene Bambustriebe zurückschneiden. Der Einsatz eines Pflanzenschutzmittels lohnt meist nicht.

Nacktschnecken an Sonnenblume

(Mollusca)

Symptome

- Blätter und Blüten sind besonders vom Rand her angefressen. Es können Kotschnüre und Schleim zurückbleiben. Der Befall tritt vor allem bei feuchter Witterung auf.

Bekämpfung und Vorbeugung

- Schnecken absammeln. Gegebenenfalls ein Schneckenkorn streuen. Gegen Ackerschnecken lassen sich auch nützliche Nematoden ausbringen. Pflanzen möglichst nur morgens gießen.

Große Narzissenfliege

(Merodon equestris)

Symptome

- Narzissen kümmern. In den Zwiebeln fressen bis zu 1,8 cm lange, dicke, geringelte, schmutzig-weiß bis gelblich gefärbte Fliegenmaden. Es können mehrere Maden in einer Zwiebel vorkommen. Befallene Zwiebeln faulen.

Bekämpfung und Vorbeugung

- Von Fliegenmaden befallene Zwiebeln samt umgebender Erde entfernen und über den Hausmüll entsorgen.

RASEN

DIE 6 SCHNELLSTEN ANTWORTEN

KRANKHEITEN, SCHÄDLINGE & UNKRÄUTER IM RASEN

DER PERFEKTE ENGLISCHE RASEN IST DER TRAUM EINES JEDEN GÄRTNERS. ABER DIE WIRKLICHKEIT SIEHT OFT GANZ ANDERS AUS. DER RASEN IST NÄMLICH NICHT SO UNKOMPLIZIERT, WIE MAN ZUNÄCHST VERMUTEN MAG, SONDERN ÄUSSERST ANSPRUCHSVOLL UND PFLEGEBEDÜRFTIG. WER EINEN MAKELLOSEN RASEN HABEN WILL, MUSS VIEL ZEIT INVESTIEREN UND IHN REGELMÄSSIG PFLEGEN – UND DAZU GEHÖRT NICHT NUR DAS WÖCHENTLICHE MÄHEN: DENN VIELE PROBLEME, DIE AUFTRETEN, SIND MEIST AUF EINE FALSCHE ODER UNZUREICHENDE PFLEGE ZURÜCKZUFÜHREN.

UNKRAUT UND MOOS SIND ALLGEGENWÄRTIG

Das größte Problem im Rasen sind Unkräuter und Moos. Sie sind ein typisches Anzeichen für einen falsch angelegten oder schlecht gepflegten Rasen. Der Einsatz von Unkraut- und Moosvernichtern zur direkten Bekämpfung schafft hier auch nur kurzzeitig Abhilfe, und schon bald kehren die unerwünschten Begleiter zurück. Pilzkrankheiten und Schädlinge hingegen treten im Rasen kaum auf und verursachen selten Schäden.

SCHÄDEN DURCH RICHTIGE SAAT UND PFLEGE VERMEIDEN

Damit Unkräuter und Moose sich erst gar nicht breitmachen, kann man bereits bei der Saat durch die Verwendung einer guten Gräsermischung vorbeugen. Je dichter der Rasen wächst, umso weniger Chancen haben Unkräuter und Moos, sich dort auszubreiten. Auch durch ein Vertikutieren im Frühjahr und mehrmaliges Düngen im Jahr können Sie den Rasen kräftigen und das Unkraut- und Mooswachstum hemmen. Im Sommer hingegen ist es wichtig, den Rasen regelmäßig zu bewässern, um eventuelle Trockenschäden zu vermeiden.

KRANKHEITEN & SCHÄDLINGE

Hexenringe

(verschiedene Pilzarten)

Symptome

- Im Rasen treten kreisförmig angeordnete kleine Hutpilze auf. Der Rasen, der an die Ringe angrenzt, stirbt durch wasserabweisendes Myzel im Boden ab. Tritt in älteren Rasenflächen auf.

Bekämpfung und Vorbeugung

- Bekämpfung schwierig. Rasen um Hexenringe mit einer Grabegabel lockern und anschließend bewässern. Rasen durch Vertikutieren, eventuelles Belüften sowie regelmäßiges Düngen kräftigen.

Schneeschimmel

(Microdochium nivale)

Symptome

- Im Frühjahr treten runde graue, braune bis rosafarbene Flecken im Rasen auf. Kommen vor, wenn der Rasen im Winter lange Zeit mit einer Schneedecke bedeckt war.

Bekämpfung und Vorbeugung

- Eine Bekämpfung ist nicht erforderlich. Der Rasen regeneriert sich im Frühjahr von selbst wieder. Rasen durch Vertikutieren und regelmäßiges Düngen kräftigen. Rasen vor dem Winter kurz halten. Zu hohen pH-Wert vermeiden.

Schnakenlarven

(Tipula-Arten)

Symptome

- Längliche, graubraune Schnakenlarven fressen dicht unter der Grasnarbe an den Rasengräsern. Es bilden sich nesterartige braune Fehlstellen. Krähen und Stare, die nach *Tipula*-Larven suchen, schädigen den Rasen zusätzlich. Ähnliche Schäden können auch durch Engerlinge entstehen.

Bekämpfung und Vorbeugung

- Versuchsweise nützliche Nematoden ausbringen. Notfalls eine Neueinsaat vornehmen.

RASEN UNKRAUT

Maulwurf

(Talpa europaea)

Symptome

- Auf Rasenflächen treten Erdhügel mit lockerer Erde auf. Eine Verwechslung mit der Wühlmaus (Schermaus) ist möglich. Kein direkter Pflanzenschädling, aber lästig.

Bekämpfung und Vorbeugung

- Der Maulwurf steht unter Schutz und darf nicht getötet werden. Eine Vertreibung ist erlaubt, aber aufwendig und schwierig. Grundstücksgrenze mit einem dichten, bis tief in den Boden reichenden Zaun abgrenzen.

Unkräuter

(verschiedene Arten)

Symptome

- Im Rasen wachsen Unkräuter. Rasen wird geschwächt und der Zierwert gemindert.

Bekämpfung und Vorbeugung

- Unkräuter ausstechen. Gegen zweikeimblättrige Unkräuter spezielle Rasenherbizide einsetzen. Totalherbizide töten auch Ungräser, aber auch den Rasen. Vorhandene Unkräuter bereits vor der Saat beseitigen. Zur Saat eine gute Gräsermischung verwenden. Rasen vertikutieren und regelmäßig düngen.

Moose

(verschiedene Arten)

Symptome

- Im Rasen wächst Moos. Der Rasen wird geschwächt und der Zierwert gemindert. Tritt vor allem in schlecht ernährten Rasenflächen auf.

Bekämpfung und Vorbeugung

- Das Moos durch Vertikutieren entfernen. Bei Bedarf kalken. Notfalls Moosvernichter einsetzen. Bereits zur Saat eine gute Gräsermischung verwenden. Flächen in Schattenlage und staunasse Böden meiden. Den Rasen durch regelmäßiges Düngen kräftigen.

TOPF-PFLANZEN

DIE 18 SCHNELLSTEN ANTWORTEN

KRANKHEITEN & SCHÄDLINGE AN TOPF-PFLANZEN

DIE VIELFALT AN KÜBEL- UND ZIMMERPFLANZEN IST GROSS: SIE ZIEREN BALKON UND TERRASSE, VERSCHÖNERN ZIMMER UND WINTERGARTEN UND VERZAUBERN IM GARTEN. DIE MEISTEN KÜBEL- UND ZIMMERPFLANZEN SIND IN DER PFLEGE RECHT ANSPRUCHSLOS.

PFLEGEFEHLER ALS URSACHE

Zu Problemen kommt es meist erst dann, wenn sie falsch gepflegt werden oder ungünstigen Witterungsbedingungen ausgesetzt sind. Im Freien ist dies vor allem in regenreichen Sommern der Fall: Es droht Pilzbefall. Im Winter hingegen leiden Kübel- und Zimmerpflanzen eher unter Schädlingen. Sie breiten sich besonders aus, wenn Pflanzen durch schlechte Lichtverhältnisse oder trockene Heizungsluft ohnehin bereits geschwächt sind.

SCHÄDLINGSBEFALL VORBEUGEN

Um einem vermehrten Schädlingsauftreten an Kübel- und Zimmerpflanzen vorzubeugen, ist es ratsam, die Pflanzen regelmäßig auf Befall zu kontrollieren. Bei Kübelpflanzen ist dies besonders wichtig, bevor man sie zur Überwinterung in das Winterquartier stellt: Denn dort breiten sich Schädlinge oft unbemerkt aus. Die Bekämpfung ist meist einfach und z. B. durch Insektizidstäbchen möglich, die man hierzu einfach in die Erde steckt.

FALSCHE PFLEGE VERURSACHT SCHÄDEN

Bei Pflanzen, die in Töpfen wachsen, entstehen viele Probleme, wenn zu häufig und übermäßig gegossen wird. Ist das Substrat ständig zu feucht, droht Wurzelfäule und die Pflanze stirbt ab. Gießen Sie daher eher zurückhaltend und vor allem mit Bedacht.

KRANKHEITEN

Blattfleckenkrankheit an Palmlilie (Yucca)

(Coniothyrium concentricum)

Symptome

- Durch einen Pilz verursachte runde bis ovale, eingesunkene, braunschwarze Flecken mit hellem Zentrum. Bei starkem Befall sterben die Blätter ab.

Bekämpfung und Vorbeugung

- Kranke Blätter entfernen. Gegebenenfalls mehrmals eine Behandlung mit einem Fungizid durchführen. Sonnigen Standort wählen, an dem Blätter nach Regen rasch wieder abtrocknen.

Pelargonienrost an Zonalpelargonie

(Puccinia pelargonii-zonalis)

Symptome

- Auf der Blattoberseite entstehen gelbe Flecken. Blattunterseits entwickeln sich winzige braune Rostpusteln, die in konzentrischen Ringen angeordnet sind. Nicht wirtswechselnder Rostpilz, der Zonalpelargonien, aber keine Efeupelargonien befällt. Später ist ein Absterben der Blätter möglich.

Bekämpfung und Vorbeugung

- Befallene Blätter entfernen. Notfalls vorbeugend ein Fungizid spritzen.

Oleanderkrebs

(Pseudomonas savastanoi pv. *nerii)*

Symptome

- An Blättern schwarze, höckerartige oder eingesunkene Flecken mit gelber Umgebung. An Trieben rindenbrandartige Aufrissstellen und krebsartige, braunschwarze Wucherungen. Triebdeformationen. Bakterienkrankheit.

Bekämpfung und Vorbeugung

- Bekämpfung schwierig. Befallene Blätter abpflücken oder kranke Triebe kräftig zurückschneiden. Scheren desinfizieren, um Weiterverbreitung der Bakterien zu verhindern.

KÜBELPFLANZEN SCHÄDLINGE

Oleanderblattlaus

(Aphis nerii)

Symptome

- An Oleander, vor allem an den Triebspitzen, vorkommende gelbe Blattläuse. Blattkräuselungen und Verschmutzung durch Honigtauausscheidungen und sich nachfolgend ansiedelnde schwarze Rußtaupilze.

Bekämpfung und Vorbeugung

- Blattläuse mit einem kräftigen Wasserstrahl abspritzen. Bei starkem Befall Triebe zurückschneiden oder Pflanzen mit einem Pflanzenschutzmittel behandeln.

Lorbeerblattfloh

(Trioza alacris)

Symptome

- Der Rand jüngerer Lorbeerblätter ist nach unten eingerollt, gelblich verfärbt und vertrocknet später. In den Blattrollungen sind z. T. weiße Larven oder geflügelte Insekten zu finden.

Bekämpfung und Vorbeugung

- Befallene Blätter abpflücken. Bekämpfung durch Pflanzenschutzmittel aufgrund der versteckten Lebensweise des Schädlings schwierig. Systemisches Pflanzenschutzmittel einsetzen.

Gefurchter Dickmaulrüssler an Lorbeer

(Otiorhynchus sulcatus)

Symptome

- Blätter sind am Rand durch nachtaktive, schwarze Käfer buchtenartig angefressen. Larven leben im Boden und fressen an den Wurzeln, wodurch Pflanzen welken und z. T. absterben.

Bekämpfung und Vorbeugung

- Erwachsene Käfer, die versteckt leben und selten angetroffen werden, möglichst absammeln. In der Erde lebende Larven mit nützlichen Nematoden bekämpfen.

SCHÄDLINGE

Weiche Napfschildlaus an Lorbeer

(Coccus hesperidum)

Symptome

- An Blättern und Trieben sitzen flache, leicht gewölbte Schilde von Insekten. Die Blätter sind durch klebrige Honigtauausscheidungen und schwarze Rußtaupilze verschmutzt. Pflanzen kümmern.

Bekämpfung und Vorbeugung

- Schädlinge abkratzen oder befallene Blätter und Triebe entfernen. Ölpräparat oder systemisches Insektizid einsetzen.

Napfschildläuse an Oleander

(Coccidae)

Symptome

- An Blättern und Trieben sitzen länglich runde oder gewölbte, braune Schilde von Insekten. Die Blätter sind durch klebrigen Honigtau und schwarze Rußtaupilze verschmutzt. Pflanzen kümmern.

Bekämpfung und Vorbeugung

- Schädlinge abkratzen oder befallene Blätter und Triebe entfernen. Behandlung mit einem Ölpräparat oder systemischen Insektizid durchführen.

Deckelschildläuse an Zitrus

(Diaspididae)

Symptome

- Blätter vergilben und Pflanzen kümmern. Auf den Blättern, Trieben und Früchten sitzen runde, leicht gewölbte, weiße bis hellbraune Schilde von Insekten.

Bekämpfung und Vorbeugung

- Schädlinge abkratzen oder befallene Blätter und Triebe entfernen. Behandlung mit einem Ölpräparat oder systemischen Insektizid durchführen; Zitrusfrüchte anschließend aber nicht mehr für den Verzehr nutzen.

Australische Wollschildlaus an Zitrus

(Icerya purchasi)

Symptome

- An Blättern und Trieben vorkommende, auffallend große Schildlaus mit weißem Eisack. Tritt meist nur an Zitrus auf. Schädigt durch Saugtätigkeit und Honigtauausscheidungen.

Bekämpfung und Vorbeugung

- Schädlinge mechanisch beseitigen. Gegebenenfalls mit einem systemischen Insektizid behandeln; Zitrusfrüchte anschließend aber nicht mehr für den Verzehr nutzen.

Schmierläuse (Wollläuse)

(Pseudococcidae)

Symptome

- Weißer, watteartiger Schädling an Grünpflanzen, Orchideen und Kübelpflanzen. Verschmutzung der Blätter durch Honigtauausscheidungen und sich nachfolgend ansiedelnde schwarze Rußtaupilze.

Bekämpfung und Vorbeugung

- Schädlinge zunächst mechanisch beseitigen. Bei starkem Befall Behandlung mit systemischem Insektizid durchführen. Bekämpfung schwierig.

Raupen an Zonalpelargonie

(Noctuidae)

Symptome

- Blätter und Blüten sind durch kleine grüne Raupen, die sich bei Berührung einrollen, angefressen oder abgeschabt. Es bleibt z. T. dunkler Kot zurück.

Bekämpfung und Vorbeugung

- Schädling tritt nur selten und in geringem Umfang auf. Zur Bekämpfung reicht es aus, die vorhandenen Raupen per Hand abzusammeln.

SCHÄDLINGE

Spinnmilben an Oleander

(Tetranychidae)

Symptome

- Blätter sind hell gesprenkelt. Bei starkem Befall werden sie fahl, vergilben und sterben ab. Befall tritt vor allem bei trocken-warmem Klima auf.

Bekämpfung und Vorbeugung

- Befallene Triebe zurückschneiden. Falls möglich, die Luftfeuchte erhöhen. Eventuell Nützlinge (Raubmilben) aussetzen oder mit einem Pflanzenschutzmittel behandeln. Bekämpfung schwierig.

Spinnmilbenbefall mit Gespinst

(Tetranychidae)

Symptome

- Blätter und Triebe sind durch einen Befall mit Spinnmilben von feinen Gespinsten eingehüllt. In den Gespinsten leben winzige Milben. Blätter können absterben.

Bekämpfung und Vorbeugung

- Befallene Triebe zurückschneiden. Luftfeuchte erhöhen. Im Gewächshaus und Wintergarten Nützlinge (Raubmilben) aussetzen. Gegebenenfalls mit einem Pflanzenschutzmittel behandeln. Bekämpfung schwierig.

Weiße Fliegen (Mottenschildläuse)

(Trialeurodes vaporariorum, Bemisia tabaci)

Symptome

- An den Blattunterseiten sitzen weiße Fliegen. Durch Honigtauausscheidungen werden die Blätter klebrig und sind durch sich ansiedelnde schwarze Rußtaupilze verschmutzt.

Bekämpfung und Vorbeugung

- Zum Abfangen gelbe Leimtafeln aufhängen oder Gelbsticker in die Töpfe stecken. Nützlinge (Schlupfwespe *Encarsia formosa*) einsetzen oder mehrmalige Behandlungen mit einem Pflanzenschutzmittel durchführen.

ZIMMERPFLANZEN SCHÄDLINGE

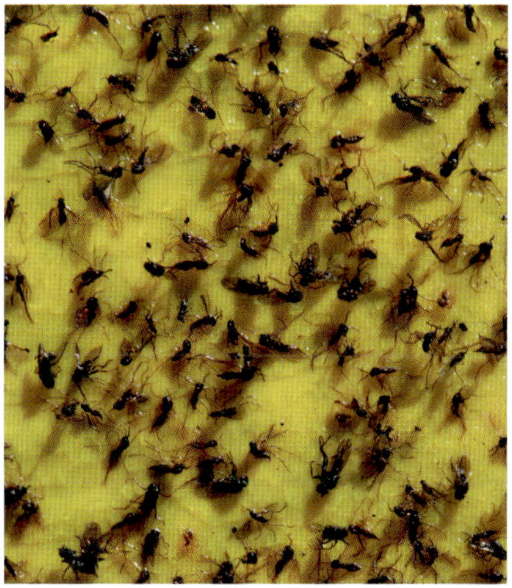

Thripse (Fransenflügler)

(Thysanoptera)

Symptome

- Thripse sind etwa 1 mm lange, gelbliche oder braunschwarze Insekten, die das Pflanzengewebe besaugen. Die ausgesaugten Zellen füllen sich anschließend mit Luft, wodurch Blätter und Blüten von Kübel- und Zimmerpflanzen hell gesprenkelt sind und leicht silbrig glänzen. Bei starkem Befall stirbt das Pflanzengewebe ab. Blüten können später verkrüppeln. Zusätzlich bleiben z. T. schwarze Kottröpfchen zurück.

Bekämpfung und Vorbeugung

- Falls möglich, befallene Blätter, insbesondere Blattunterseiten, mit einem feuchten Tuch abwischen, um vorhandene Schädlinge zu beseitigen. Stark geschädigte Pflanzenteile abpflücken oder befallene Triebe zurückschneiden. Im Wintergarten eventuell Nützlinge (Raubmilben) aussetzen oder Pflanzen mit einem Pflanzenschutzmittel behandeln.

Trauermücken

(Sciaridae)

Symptome

- Winzige, glasig-weiße, durchscheinende Larven mit schwarzem Kopf fressen an Wurzeln von Sämlingen und Stecklingen, z. T. auch bei Zimmerpflanzen.

Bekämpfung und Vorbeugung

- Befallsreduzierung durch Trockenhalten des Substrats möglich. Bei Zimmerpflanzen erwachsene Mücken mit Gelbstickern abfangen. Zur Larvenbekämpfung Nützlinge (insektenpathogene Nematoden oder Raubmilben) aussetzen.

ABIOTISCHE SCHÄDEN

Braune Blattränder und -spitzen

(Nichtparasitäre Schadursache)

Symptome

- Blattränder und -spitzen von Zimmerpflanzen werden braun. Ursache ist zumeist eine zu niedrige Luftfeuchte. Tritt besonders im Winter bei trockener Heizungsluft auf.

Bekämpfung und Vorbeugung

- Luftfeuchte durch regelmäßiges Besprühen der Blätter erhöhen. Wasseruntersetzer oder Luftbefeuchter aufstellen. Im Winter lufttrockene Standorte in der Nähe von Heizkörpern meiden.

Gelbfleckigkeit bei Usambaraveilchen

(Nichtparasitäre Schadursache)

Symptome

- Blätter von Usambaraveilchen bekommen hellgelbe, meist eingesunkene, kreisförmige Flecken. Sie entstehen, wenn mit zu kaltem Wasser über die Blätter gegossen wird.

Bekämpfung und Vorbeugung

- Usambaraveilchen möglichst nicht über die Blätter gießen. Falls nicht anders möglich, nur warmes Gießwasser (Raumtemperatur) verwenden. Benetzung der Blätter bei direkter Sonneneinstrahlung vermeiden.

Wasser- und Nährstoffmangel bei Oleander

(Nichtparasitäre Schadursache)

Symptome

- Die älteren, unteren Blätter verfärben sich gelb und fallen ab.

Bekämpfung und Vorbeugung

- Oleander benötigt viel Wasser und Nährstoffe, vor allem Stickstoff. Pflanzen im Sommer daher bei warmer Witterung ausreichend bewässern und regelmäßig düngen. Oleander außerdem nicht in zu kleinen Töpfen halten, da sonst besonders schnell ein Wassermangel auftritt.

SERVICE

AMTLICHE PFLANZENSCHUTZ-BERATUNG

Baden-Württemberg
Landwirtschaftliches Technologie-zentrum Augustenberg
Neßlerstraße 23-31
76227 Karlsruhe
Tel.: 07 21/94 68-0
www.ltz-augustenberg.de

Bayern
Bayerische Landesanstalt für Landwirtschaft
Institut für Pflanzenschutz
Lange Point 10
85354 Freising
Tel.: 0 81 61/71-56 51
www.lfl.bayern.de/ips

Berlin
Pflanzenschutzamt Berlin
Mohriner Allee 137
12347 Berlin
Tel.: 0 30/70 00 06-0
www.stadtentwicklung.berlin.de/pflanzenschutz

Brandenburg
Landesamt für Ländliche Entwicklung, Landwirtschaft und Flurneuordnung
Pflanzenschutzdienst
Müllroser Chaussee 54
15236 Frankfurt (Oder)
Tel.: 03 35/5 60-21 01
www.mil.brandenburg.de

Bremen
Lebensmittelüberwachungs-, Tierschutz- und Veterinärdienst des Landes Bremen
Pflanzenschutzdienst
Lötzener Straße 3
28207 Bremen
Tel.: 04 21/3 61-8 92 04
www.lmtvet.bremen.de

Hamburg
Behörde für Wirtschaft, Verkehr und Innovation
Pflanzenschutzamt Hamburg
Indiastraße 3
20457 Hamburg
Tel.: 0 40/4 28 41-52 20
www.pflanzenschutz.hamburg.de

Hessen
Regierungspräsidium Gießen
Dezernat 51.4 - Pflanzenschutzdienst
Schanzenfeldstraße 8
35578 Wetzlar
Tel.: 06 41/3 03-52 27
www.pflanzenschutzdienst.rp-giessen.de

Mecklenburg-Vorpommern
Landesamt für Landwirtschaft, Lebensmittelsicherheit und Fischerei Mecklenburg-Vorpommern
Pflanzenschutzdienst
Graf-Lippe-Straße 1
18059 Rostock
Tel.: 03 81/40 35-0
www.lallf.de

Niedersachsen
Landwirtschaftskammer Niedersachsen
Pflanzenschutzamt, Standort Hannover
Wunstorfer Landstraße 9
30453 Hannover
Tel.: 05 11/40 05-0
www.lwk-niedersachsen.de

Landwirtschaftskammer Niedersachsen
Pflanzenschutzamt, Standort Oldenburg
Sedanstraße 4
26121 Oldenburg
Tel.: 04 41/8 01-0
www.lwk-niedersachsen.de

Nordrhein-Westfalen
Landwirtschaftskammer Nordrhein-Westfalen
Pflanzenschutzdienst
Siebengebirgsstraße 200
53229 Bonn-Roleber
Tel.: 02 28/7 03-21 01
www.pflanzenschutzdienst.de

Dienststelle Münster:
Nevinghoff 40
48147 Münster
Tel.: 02 51/23 76-0

Rheinland-Pfalz
Dienstleistungszentrum Ländlicher Raum Rheinpfalz
Breitenweg 71
67435 Neustadt/W
Tel.: 0 63 21/6 71-0
www.dlr.rlp.de

Saarland
Landwirtschaftskammer für das Saarland
Pflanzenschutzdienst
Dillinger Straße 67
66822 Lebach
Tel.: 0 68 81/9 28-0
www.lwk-saarland.de

Sachsen
Sächsisches Landesamt für Umwelt, Landwirtschaft und Geologie; Abteilung Pflanzliche Erzeugung, Referat Pflanzenschutz
Stübelallee 2
01307 Dresden
Tel.: 03 51/4 40 83-0
www.smul.sachsen.de

Sachsen-Anhalt
Landesanstalt für Landwirtschaft, Forsten und Gartenbau
Dezernat Pflanzenschutz
Strenzfelder Allee 22
06406 Bernburg
Tel.: 0 34 71/3 34-0
www.llg-lsa.de

Schleswig-Holstein
Landwirtschaftskammer Schleswig-Holstein; Abteilung Pflanzenbau, Pflanzenschutz, Umwelt
Thiensen 22
25373 Ellerhoop
Tel.: 0 41 20/70 68-2 00
www.lksh.de/pflanzenschutzdienst

Thüringen
Thüringer Landesanstalt für Landwirtschaft Jena
Referat Pflanzenschutz
Kühnhäuser Straße 101
99189 Erfurt-Kühnhausen
Tel.: 03 61/5 50 68-0
www.tll.de

GARTENAKADEMIEN

Baden-Württemberg
Gartenakademie Baden-Württemberg e. V.
Diebsweg 2
69123 Heidelberg
Tel.: 0 62 21/7 48 48 10
www.gartenakademie.info

Bayern
Bayerische Landesanstalt für Weinbau und Gartenbau
Gartenakademie
An der Steige 15
97209 Veitshöchheim
Tel.: 09 31/98 01-1 47
www.lwg.bayern.de/gartenakademie

Hessen
Landesbetrieb Landwirtschaft Hessen
Hessische Gartenakademie
Brentanostraße 9
65366 Geisenheim
Tel.: 0 67 22/50 28 61
www.llh-hessen.de/hessische-gartenakademie.html

Niedersachsen
Landwirtschaftskammer Niedersachsen
Niedersächsische Gartenakademie
Hohen Kamp 51
26160 Bad Zwischenahn
Tel.: 0 44 03/97 96-54
www.lwk-niedersachsen.de

Rheinland-Pfalz
Dienstleistungszentrum Ländlicher Raum Rheinpfalz
Gartenakademie Rheinland-Pfalz
Breitenweg 71
67435 Neustadt/W
Tel.: 0 63 21/6 71-2 62
www.gartenakademie.rlp.de

Saarland
Landwirtschaftskammer für das Saarland
Saarländische Gartenakademie
Dillinger Straße 67
66822 Lebach
Tel.: 0 68 81/9 28-1 09
www.lwk-saarland.de

Sachsen
Sächsisches Landesamt für Umwelt, Landwirtschaft und Geologie
Gartenakademie
Söbrigener Straße 3a
01326 Dresden-Pillnitz
Tel.: 03 51/26 12-80 80
www.landwirtschaft.sachsen.de

Thüringen
Gartenakademie Thüringen
Hinter der Mühle 19
99095 Erfurt-Stotternheim
Tel.: 03 62 04/5 00 11
www.gartenakademie-thueringen.de

DATENBANK DER ZUGELASSENEN PFLANZENSCHUTZMITTEL

www.bvl.bund.de

ANBIETER VON NÜTZLINGEN

AMW Nützlinge GmbH
Außerhalb 54
64319 Pfungstadt
www.amw-nuetzlinge.de

e-nema
Gesellschaft für Biotechnologie und biologischen Pflanzenschutz mbH
Klausdorfer Straße 28-36
24223 Schwentiental
www.e-nema.de

Katz Biotech AG
An der Birkenpfuhlheide 10
15837 Baruth
www.katzbiotech.de

W. Neudorff GmbH KG
An der Mühle 3
31860 Emmerthal
www.neudorff.de

re-natur GmbH
Charles-Ross-Weg 24
24601 Ruhwinkel
www.re-natur.de

Sautter & Stepper GmbH
Rosenstraße 19
72119 Ammerbuch
www.nuetzlinge.de

REGISTER

IMPRESSUM

mit 288 Fotos von
Andreas Vietmeier, Münster (270) sowie
gartenfoto.eu/Martin Staffler, Stuttgart (14):
1 alle 4, 3 alle 4, 8 beide, 9 beide, 23 beide
Gregor Hilfert (2): 37 li, 46 re
Günter Klingenhagen (1): 21 Mi
Dr. Marianne Klug, Münster (1): 35 Mi
Günter Kortmann (1): 50 Mi

Umschlaggestaltung von
Gramisci Editorialdesign, München
unter Verwendung von zwei Fotos von
gartenfoto.eu/Martin Staffler

mit 288 Fotos

Gedruckt auf chlorfrei gebleichtem Papier

ISBN 978-3-440-13158-9
Projektleitung:
Kullmann & Partner GbR, Stuttgart
Konzeptionelle Entwicklung:
Kullmann & Partner GbR, Marc Strittmatter
Gestaltungskonzept:
Gramisci Editorialdesign, München
Gestaltung und Satz: Kristijan Matic/
Kullmann & Partner GbR, Stuttgart
Produktion: Jürgen Bischoff
Printed in Slovenia / Imprimé en Slovenie

FSC www.fsc.org MIX Papier aus verantwortungsvollen Quellen FSC® C084279

DIE AUTOREN

Andreas Vietmeier hat an der Technischen Fachhochschule Berlin Gartenbau studiert und ist seit vielen Jahren beim Pflanzenschutzdienst der Landwirtschaftskammer Nordrhein-Westfalen in Münster tätig.
Zu seinem Aufgabengebiet gehört unter anderem die Beratung von Hobbygärtnern bei Fragen zum Pflanzenschutz.
Von Andreas Vietmeier stammen auch fast alle Fotos für diesen Ratgeber.

Dr. Marianne Klug hat an der Universität Hannover Gartenbauwissenschaften studiert und im Obstbau promoviert.
Sie ist Fachbereichsleiterin für den Pflanzenschutz im öffentlichen und privaten Grün beim Pflanzenschutzdienst der Landwirtschaftskammer Nordrhein-Westfalen.
Das Kapitel „Krankheiten und Schädlinge an Obst“ wurde von ihr verfasst.